家居色彩设计速查

COLOR DESIGN

刘传军 著

轻松掌握
室内空间配色实战技巧

化学工业出版社

·北京·

编写人员名单：（排名不分先后）

刘传军 叶　萍 黄　肖 郭芳艳 李　玲 赵利平 武宏达 董　菲 刘向宇 肖韶兰 李　幽 张　琦
郝　鹏 陈思彤 高诗雯 张书歌 魏先莉 赵　凡 张红锦 王　勇 陈建华 何志勇 李　卫 陈　云
胡　军 王　伟 陈　锋 刘　伟 刘　全 许　静 林艳云 李保华 赵　强 毕喜平 任晓欢 李凤霞
闫少宏 张星慧 闫玉玲 张喜文 张喜华 李木扬子 郑丽秀 刘雅琪 于　静 张丽玲

图书在版编目（CIP）数据

家居色彩设计速查：轻松掌握室内空间配色实战技
巧 / 刘传军著．—北京：化学工业出版社，2015.8（2017.11 重印）
ISBN 978-7-122-25073-5

Ⅰ．①家… Ⅱ．①刘… Ⅲ．①住宅－室内装饰设计－
装饰色彩 Ⅳ．① TU241

中国版本图书馆 CIP 数据核字（2015）第 198174 号

责任编辑：王　斌　　邹　宁　　　　　　　　　　　装帧设计：骁毅文化

出版发行：化学工业出版社(北京市东城区青年湖南街13号　邮政编码100011)
印　　装：北京瑞禾彩色印刷有限公司
710mm×1000mm　1/16　印张14　字数200千字　2017年11月北京第1版第3次印刷

购书咨询：010-64518888（传真：010-64519686）　　售后服务：010-64518899
网　　址：http://www.cip.com.cn
凡购买本书，如有缺损质量问题，本社销售中心负责调换。

定　　价：58.00元

使居室内的装饰效果更为舒适

色彩是室内装饰效果的一个重要因素，它比起室内的另外两个设计元素"造型"及"材质"给人的感觉更为直观，可以说是吸引眼球的首要存在，室内有了突出的色彩，甚至可以简化一切造型。若室内有一面彩色的墙壁，人们就会忽略造型，首先被它的色彩所吸引，那么这面彩色墙面的色彩搭配，会直接决定人们对此空间的装饰印象，可见色彩设计在室内设计中的重要性。

室内的色彩设计是一项非常复杂的工作，需要有一定的审美观和技巧，并不是胡乱地拼接和堆砌。除了主要部分例如墙面、地面等固定空间的色彩选择外，更为复杂的是后期家具以及饰品的搭配，相同的大色彩环境，改变小物品的色彩，就可以改变整个室内的装饰效果。

本书以成功的色彩设计实景案例作为开篇，以家庭人口情况及常用的搭配方式作为选择的出发点，使读者能够更有针对性地选择适合的参考对象。从第二章开始，从色彩的基础知识、各种色彩对应的装饰风格、确定主色和风格后的家具及饰品搭配等方面一步步地引导读者，对室内色彩设计进行分步骤的解析，使整个设计更为轻松、易懂。

我们以最为简化的色彩设计步骤来一步步引导设计，用浅显的方式解析色彩的搭配，使没有专业知识的群体也能够建立对室内色彩设计技巧的初步印象。

目录 / CONTENTS

根据空间的建筑特点
找寻适合的色彩设计方式

第三章
空间特点与色彩设计

根据所喜好风格的不同
选择适合的色彩设计

第四章
家居风格与色彩设计

第五章
居住者与色彩设计

根据居住者与性格
选择不同的色彩设计

第一章

色彩设计 的 基础知识

了解家居色彩设计的基础知识
对色彩设计建立初步印象

对空间进行色彩设计前，
需要详细地了解一下色彩的基础知识，
掌握什么是色相、色调、纯度、明度等，
只有对色彩的特性充分了解，
如每种颜色的情感意义、色彩的搭配方式、室内色彩角色的区分等，
才能够更为系统地进行色彩设计，
这一章，详细地讲解色彩的基础知识。

正确的家居色彩设计流程

了解居住者

谁会居住在这里

首先，要对居住在此空间中的人员数量和性格进行综合性的思考，通常会发现，对家人并不是那么的了解，可以进行一个小调查，掌握一下每个人对色彩的喜好和对自我空间的要求，特别是家里的老人和儿童。

使用区域的划分

确定家人的喜好后，结合总的人数进行使用区域的划分，客厅、餐厅基本上是固定的，具体的决定诸如书房、儿童房、老人房等位置，划分后记录下每个人对房间的要求，例如对房间的户型感到不满的地方等，根据这些决定每个区域的色彩。

分析各个空间

与设计师沟通，对空间彻底掌控

并不是所有居室的户型都是那么规整的，若户型比较规整则仅从家人的喜好出发设计色彩即可。如果户型存在缺陷，则要考虑得多一些，例如狭长型、窄小型、过于空旷的或者异形户型，需要根据房间的固有特点选择具有修饰性的色彩，在这些色彩重再与家人的喜好结合最后决定所使用的色彩。例如北面的房间光照少，显得阴暗，用浅色系能够显得宽敞、明亮，深色有拉近的效果适用于过于空旷的房间，而浅色有拉开距离的效果，适用于窄小的房间等，可与设计师进行沟通，制定合理的方案。

除了户型的平面特点外，立面的高度上也要予以考虑，如果房高比较低矮，顶面就不建议采用深色做装点，统一用白色为佳，地面用深色系，可以拉开空间的距离，看上去高一些；如果房间比较高，则顶面可以适当用一些色彩进行装饰，地面可以适当搭配浅色系。诸如此类的因素都要在设计之初考虑周全。

色彩与风格

色彩与风格的决定次序

在做了前面的一系列准备后，可以进行风格的选择。风格与色彩有两种确定方式，若对风格没有明确的喜好，可以先调查前面的两项，根据所选择的色彩类型来选择风格；也可以了解家人的喜好后确定风格，再根据户型的特点结合风格的色彩特点进行设计。确定居室主要色彩后再搭配其他的家具、饰品等小物件的色彩，这样的思路会比较清晰。

缩小理想与现实间的差距

理想中的设计与现实的效果

每个装修后的业主都或多或少地会有这样的困扰，总觉得完工后的效果与自己预计中的活多或少有一些差距，造成差距的原因有很多，例如效果图与实景之间的差距，或者色彩在色板上与实际涂刷后的差距等。

调整局部减小心理落差

室内色彩设计没有＂完成时＂，固定界面的装修后，后期的装饰永远在变化之中，缩小理想与现实间的差距，就依赖这些后期的软装来完成。

根据季节、喜好的改变，对局部的色彩进行调整，可以改变居室内的氛围，例如夏季换一些清凉感的靠垫、鲜花等，冬季则可更换为暖色系的装饰，这些装饰涵盖了窗帘、沙发垫、靠垫抱枕、花卉、植物等。

在装修初期，可以适当地减少心理的期待性，对色彩设计有一个完整的认识，并不是工人完工后色彩设计也结束，家庭的色彩设计，是一个持续性、永久性的工作，需要不断地完善和更改，有了正确的认识后可以最大程度上减小心理落差。

色彩的
基础知识

通过色相环了解色彩

色彩的分类

色彩的组合方式是设计风格表现的一个重要元素，对色彩各基础要素的了解程度，关系到色彩设计的成败。

色彩总体来说可以分为无色系和彩色两类，无色系包括黑色、白色和灰色；彩色的分类则更加广泛一些，可以按照明暗、浓淡、轻重、冷暖等进行分类。彩色系所有色彩都是由三原色构成的，即红色、黄色及蓝色。三原色以及中间色按照色相的相近排列顺序组成的环形即为"色相环"。

注：色相是指红、黄、蓝等色彩多呈现出的品质面貌，是色彩之间互相区别的标志。

色相环上的色彩关系

色相环具有突出色彩的作用，如：12 色相环内，红＋绿最突出，紫＋黄最突出等，直观的表现为在一条直线上的两种颜色即为最为突出的互补色（适用于所有色相环）。

某一色相与其左右相邻的色相互为类似色相，与互补色及互补色左右相邻的 4 中色相互为相反色相，用角度数据来表示更为直观一些。

参考色相环来进行色彩设计，能够更好地总结搭配。

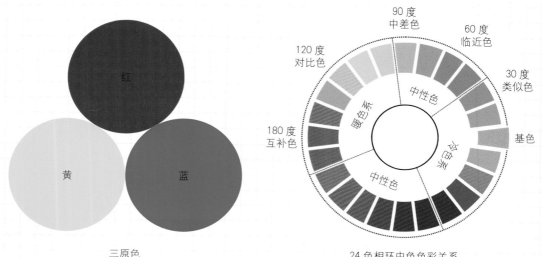

三原色　　　　　　　　　　　　　　　24 色相环中色彩关系

色彩的情感意义

不同色彩给人不同的情绪感受

不同的色彩让人感觉到的情绪是有差别的,例如暖色让人感觉温暖、活泼而冷色则清爽、素净;即使是同一种颜色,其明暗和浓淡的不同也会影响感官。

红色热烈、活跃,将其作为重点使用,会使空间具有高雅、时尚的感觉。面积过大则让人感觉烦躁。

粉色给人浪漫、天真的感觉,通常让人第一时间联想到女性特征。与互补色搭配做点缀色可以达到平衡。

橘黄色能够带给人愉悦、健康的心情,可以增加人们的食欲,释放心中的活力、喜悦。

黄色明亮、充满活力,可让人联想到阳光,使空间具有开放感和明亮感,也可以促进食欲。

绿色是中性色,没有明显的冷暖偏差,可以使人联想到自然界中的绿色,使人放松、安宁。

蓝天、大海的颜色,是冷色系中的代表色,可以稳定情绪提高注意力。可以使空间显得更宽敞。

紫色高贵、典雅,沉稳的紫色可促进睡眠,浅紫色则活泼一些。

褐色属于大地色系,可使人联想到土地,使人心情平和。

黑色属于无色系,可以与任何色彩搭配,使其他颜色更为突出。

明度和纯度对色彩情感的影响

色相、明度、纯度、色调是色彩的几个基本元素，其中明度和纯度能够影响色彩的情感表现。例如明亮的红色热烈，暗沉的红色厚重、古典。色调指色彩的浓淡、强弱程度。

总的来说淡雅的色调柔软、清新；明亮的色调活泼、轻快；暗色调沉稳、高雅；灰色调雅致、朴素；深色调阴沉、浓郁。

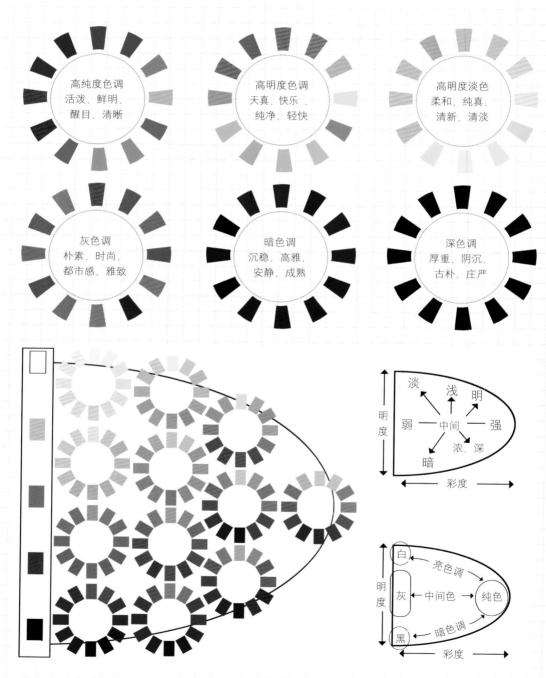

色调图

色彩的四种角色

背景色

在一个空间中，通常会有几种色彩同时存在，这些色彩，可以按照面积和主次地位划分为背景色、主角色、配角色及点缀色，这就是色彩的四种角色。

背景色顾名思义，就是空间中充当背景的颜色，不限定于一种颜色，一般均为大面积的颜色，如天花、地板、墙面等。

背景色因为面积较大，因此多采用柔和的色调，浓烈或暗沉的色调不宜大面积使用，可用在重点墙面，否则易给人不舒服的感觉。天花、墙面、地面三个界面由于视觉水平线的关系，墙面通常会在第一时间内吸引人的视线，因此对室内风格的影响也是最为显著的。

即使是同一组家具，搭配不同的背景色，呈现出的视觉效果也是不同的，可以说，背景色是起到支配空间整体感觉的色彩，因此，在进行色彩设计时，先确定背景色可以使整体设计更明确一些。

淡雅的背景色显得柔和、温润，给人舒适、放松的感觉，适合大面积使用。

浓烈的色彩可以用做重点，搭配其他柔和的背景色，能够使空间"动"起来，显得明快、愉悦。

在所有的背景色中，最易改变的是地面的颜色，可以选择小块的地毯，更换颜色和花纹，就会让室内的氛围焕然一新。

主角色

主角色通常是空间中的大型家具、陈设或大面积的织物，例如沙发、屏风、窗帘等。它们是空间中的主要部分、视觉的中心，其风格可引导整个空间的风格走向。

主角色与背景色的搭配主要有两种方式，一种是选择与背景色相近的色相，形成舒适、协调的氛围；一种是选择背景色的互补色，形成活泼、动感的氛围。

决定空间整体氛围后，主角色可以在划定的范围内选择自己喜欢的色彩，其并不限定于一种，但不建议超过三种颜色，例如三人沙发组，就可以选择两组颜色进行组合，其中一种用无色系或选择类似色搭配，是不容易出错的做法。主角色的组合中，根据面积或色彩也有主次的划分通常建议大面积的部分采用柔和的色彩。

背景色为黄色，与蓝色为主的沙发，两者互为互补色，形成对比关系，空间明快、活泼。

背景色为黄灰色，与浅灰色为主的床，色相类似，形成协调的效果，使空间氛围平和、舒适。

配角色

配角色与主角色，是空间的〝基本色〞。配角色主要起到烘托及凸显主角色的作用，它们通常是地位次于主角色的陈设，例如沙发组中的脚蹬或单人沙发、角几、卧室中的床头柜等。配角色的搭配能够使空间产生动感，变得活跃，通常与主角色的色彩有一定的差异。

选择同色相不同明度、纯度或类似色相，搭配出来的效果稳定、协调中存在层次感；选择互补、对比色相搭配的效果 则更为活泼、更引人注意。

主沙发与两个单人沙发属于同一色相不同明度的搭配，效果协调、稳定。

绿色的床头柜与粉红色的床品属于对比色，装饰效果活泼、靓丽。

点缀色

点缀色指空间中一些小的配件及陈设，例如花瓶、摆件、灯具、靠枕、盆栽等，它们能够打破大面积色彩的单一性，起到调节氛围、丰富层次感的作用。

点缀色如果与其背景色过于接近，则不易产生理想的效果；选择互补色或鲜艳的颜色，更容易产生灵动的效果。少数情况下，如果要求效果和谐，点缀色可选择与背景色靠近的色彩。

作为点缀色的陈设不同，其背景色也是不同的，例如花瓶靠墙放置，墙为其背景色；沙发上的靠垫背景色为沙发，参考其背景色进行选择时也要照顾到整个空间，总的来说一个空间中的点缀色数量不宜过多。

深茶色的茶法搭配蓝色、紫色、橘红色的靠垫，避免了沉闷，活跃了气氛。

白色的沙发上搭配鲜艳的色彩靠垫，不再苍白、单调，活泼又不显凌乱。

色彩的搭配类型

色彩搭配的类型

在同一个空间中，采用单一色彩的情况非常少，通常都会采用几种颜色进行搭配，用来互相搭配的色相组成的效果称为色相型，简单地说就是某色相与某色相的搭配效果。根据色相环更直观的来看，可以分为同相、类似型；三角、四角型；对决、准对决型以及全相型。

这几种类型中，最稳定的是同相型，相对来说也比较单调，类似型比同相型的效果要开放一些，最活泼、开放的是全相型，其余的则位于中间效果。

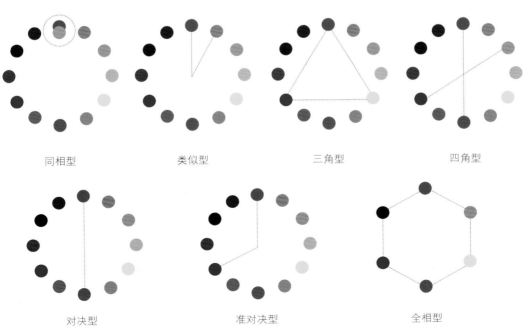

| 同相型 | 类似型 | 三角型 | 四角型 |

| 对决型 | 准对决型 | 全相型 |

同相型、类似型

同相型指同一色相不同纯度、明度色彩之间的搭配，这种搭配方式比较保守，具有执着感，能够形成稳重、平静的效果，相对来说，也比较单调。

类似型指近似色相之间的搭配，比同相型要开活泼一些，同样具有稳重、平静的效果，在24色相环上看，4份内的色相都属于类似型，若同为暖色或冷色，8份的差距也可视为类似型。

图中地毯及沙发属于同相型配色，具有稳定感，同时加入了黑色的茶几调节层次感。

床头背景采用深紫色，搭配浅蓝色的床单，属于类似型搭配，稳定、自然。

三角型、四角型

最典型的三角形配色就是12色相环上的三原色配色，也就是红色、黄色、蓝色互相搭配，效果最为强烈，其他色彩搭配构成的三角型配色效果会温和一些。

在色相环上分布均匀的三种色彩搭配取得的效果是最具平衡感的，如果三种颜色的位置不均匀，配色效果也具有偏向性。三角型配色是处于对决型和全相型中间的类型，效果兼具两者之长，愉悦、活泼又具有亲切感。

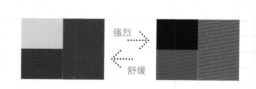

蓝色和黄色大面积使用，红色做点缀，均衡又醒目，三角型配色中又包含了类似型配色，层次更丰富。

粉红色、湖蓝色、黄绿色三种高明度的色彩组成三角型配色，明快而又纯净。

将两组互补色交叉组合所得到的配色类型就是四角型配色，此种配色效果醒目、紧凑，互补色本来就是最引人注目的搭配，再加上另一组互补色，所得出的四角型便成为了视觉冲击力最强的一种配色方式。

蓝色和黄色、绿色和红色互为互补色，组成四角型配色，具有欢快、动感的效果。

在进行四角型配色时，为了避免过于混乱，可以以一种色彩做大面积使用，其他色彩减小面积搭配。

对决型、准对决型

对决型配色指将色相环上位于 180 度相对位置上互为互补色的两种颜色进行搭配的方式。对决型的配色能够营造出健康、活跃、华丽的氛围，接近纯色调的对决型配色，则具有强烈的冲击力，非常刺激。在家居中，若觉得整体环境过于朴素、苍白，可以点缀以对决型的配饰来改变氛围。

接近对决型的配色就是准对决型，例如红色和绿色搭配为对决型，而红色和蓝色搭配就是准对决型，可以理解为一种色彩与其互补色的邻近色搭配。准对决型配色的效果比对决型要缓和一些，兼有对立和平衡的效果。

减少对决型的刺激感，可以在明度和纯度上做调整，暗红色搭配淡雅的绿色活泼但是并不激烈。

选择重点墙面与主角色做对决型搭配，其他部分采用淡雅的色彩，能够使空间的主次更加分明。

橘红色条纹沙发与蓝色渐变的墙面形成准对决型配色，使空间产生动感。

降低了明度、纯度的蓝灰色搭配橘红色形成的准对决型，减低了刺激性，增添了平和感。

全相型

全相型指没有偏差的采用全部色相进行搭配的方式，塑造的气氛最为活跃。因基本包含了自然界中的色彩，因此呈现出自然、华丽的感觉。使用的色彩数量越多，呈现的效果就越自由，通常如果采用了 5 种色相，就可认定为全相型。

采用全相型，不论是什么色调的色彩进行搭配，都会充满轻松、活跃的氛围，即使是浊色调，或者与无色系组合，也不会失去这种感觉。

高纯度的全相型搭配自由、没有拘束，非常的热烈、华丽、活泼。

及时降低了色彩的纯度和明度，全相型的搭配依然很轻松、活跃，但刺激度有所降低。

在家居色彩设计中，除了儿童房可以大面积的使用全相型外，其他空间小面积的采用最佳，特别用在白色为主的房间中，能够改变单一的气氛；还可以在节日时，用全相型配色更换小的配件，能够塑造出热烈的节日氛围。

儿童房内使用全相型配色，能够凸显出儿童活泼、天真的天性，符合孩子的年龄特点。

在墙面上点缀的使用全相型配色，既能够活跃空间氛围，又不会显得刺激。

不理想色彩设计的调整

怎么调整原有不理想的色彩设计

并不是每个家居的色彩设计效果都是尽如人意的，很多时候因为色板与实际使用的差距、光线的差距等，往往会与期待的效果有所偏差，亦或是装修已经有些年头，想做一些操作简单的改变，这些情况可以通过调整室内的色彩搭配方式来进行调整。

调整色彩设计可以通过突出主角色以及整体融合两种方式进行调整，前者适用于主角色不突出的情况，后者适合室内色彩过于混乱的情况。

突出主角色

如果空间内的主角色不明确，则主次不分明，显得不稳定，使人感觉不安心，可以通过突出主角色来改变效果。

房间中，作为主角色的粉红色纯度高、最引人注目，因此，床的主体地位稳固。

椅子与茶几的明度差距大，且椅子的数量多，主角地位突出，整体效果稳定、使人安心。

突出主角色最直接的方式是调整主角色，可以提高主角色的纯度、增强明度差以及增强色相型使其突出；还可以通过增加点缀色、抑制配角色或背景色的方式使其更加突出。

提高纯度：此方式是使主角色变得明确的最有效方式，当主角色变得鲜艳，在视觉中就会变得强势，自然会占据主体地位。

主角色	配角色	背景色

主角色	配角色	背景色

主角色的纯度低，与背景色差距小，存在感很弱，使人感觉单调、不稳定。

提高主角色的纯度，变得引人注目，成为了所有配色的主角，形成了层次感，稳定、安心。

增强明度差：明度差就是色彩的明暗差距，明度最高的是白色，最低的是黑色，色彩的明暗差距越大，视觉效果越强烈。如果主角色与背景色的明度差较小，可以通过增强明度差的方式，来使主角色的主体地位更加突出。

主角色与背景色的明度差小，主角色看着不突出，存在感很弱。

调高主角色的明度值后，主角色与背景色的明度差拉大，主角色突出，存在感明显。

即使同为纯色，它们的明度也是不同的，越接近白色的色相，明度越高，例如黄色，越接近黑色的色相，明度越低，例如紫色。在色相环上，角度相差越多的两种色相，明度差越大。如果在深色的背景前搭配家具，想要突出主角，就需要搭配明度高的色彩；反之，在明度高的背景前，搭配明度低的家具也能取得同样的效果。

纯色的黄色和紫色明度差最大，搭配在一起最为明显。

将紫色换成橙色，则明度差有所减小。

增强色相型：就是增大主角色与背景色或配角色之间的色相差距，使主角色的地位更突出。（色相型类型见本书第 16 页）所有的色相型中，按照效果的强弱来排列，则同相型最弱，全相型最强。若室内配色为同相型，则可增强为后面的任意一种。

同相型　类似型　准对决型　对决型

主角色　配角色　背景色

主角色与背景色为类似型配色，差距小，主角色的地位不是很突出，效果内敛、低调。

三角型　四角型　全相型

主角色　配角色　背景色

主角色不变，将背景色变换为与主角色为对决型配色的蓝色，则效果变得强烈起来，主角色的主体地位更突出。

增加点缀色：若不想对空间做大动作的改变，可以为主角色增加一些点缀色来明确其主体地位，改变空间配色的层次感和氛围。这种方式没有对空间面积的要求，大空间和小空间都可以使用，是最为经济、迅速的一种改变方式。例如客厅中的沙发颜色较朴素，与其他配色相比不够突出，就可以选择几个彩色的靠垫放在上面，通过点缀色增加其注目性，来达到突出主角地位的目的。

需要注意的是，点缀色的面积不宜过大，如果超过一定面积，容易变为配角色，改变空间中原有配色的色相型，破坏整体感。增加的点缀色还应结合整体氛围进行选择，如果追求淡雅、平和的效果，就需要避免增加艳丽的点缀色。

白色沙发与背景色区分不明显，增加一组鲜艳的靠垫，沙发的主角地位变得突出。

蓝色沙发搭配几个淡雅的靠枕，既没有改变整体氛围，又丰富了层次，且使主角地位更稳固。

抑制配角色或背景色：指不改变主角色，通过改变配角色或背景色的明度、纯度、色相等方式，来使主角色的地位更突出。

与主角色相比，背景色的纯度过高，在空间中，大面积的纯色会最先引人注目，削弱主角色的主体地位。

降低背景色的纯度，黄色的主角地位更为突出，整体效果稳定、安心。

配角色的纯度高于主角色，更引人注目。

降低配角色纯度，整体氛围不变，主角色地位更突出。

与主角色相比，背景色和配角色都过于强势，使得主角的地位被压制，造成主次层次不稳。

调整背景色与配角色的纯度，整体氛围不变，主角色对其他配色形成压制，地位最显著，给人安心感。

整体融合

与突出主角色相反的是整体融合的配色调整方法，这种方法适用于觉得室内颜色搭配过于鲜明、混乱，想要改变为平和、统一效果的情况下。

可以通过靠近色彩的明度、色调以及添加类似或同类色等方式来进行整体融合；除此之外，还可以通过重复、群化等方式来进行。

作为主角的床与墙面的背景色明度差距大，床的主体地位非常明显，存在感鲜明，此为突出主角色的调整方法。

土黄色沙发主角地位明确，但作为配角的两个单人座椅选择类似型进行搭配，整体效果平和，此为融合法。

为主角色搭配艳丽的纯色装饰，效果突出、强烈，如果选择不协调，很容易变得凌乱。

将配角色的色相及明度与主角色靠近后，呈现出柔和、雅致的视觉效果。

靠近色彩的明度：在相同数量的色彩情况下，明度靠近的搭配要比明度差大的一种要更加安稳、柔和。

主角色　　　　配角色　　　景色

主角色　　　　配角色　　　背景色

主角色与背景色之间的明度差距大，突出主角色的同时带有一些尖锐的感觉。

调节背景色的明度值，与主角色靠近，整体色相不变的情况下，变得稳重、柔和。

这种方式可以在不改变原有氛围及色相搭配类型的情况下的一种融合方式。反之，如果一组色彩的明度差非常小，给人感觉很乏味，则可以在明度不变的情况下，改变色相型的类型，在稳定中增添层次感，不会破换原有氛围。

主角色　　　　配角色　　　背景色

主角色　　　　配角色　　　背景色

色彩组合的色相及明度类似，虽然非常平稳但感觉略为单调、沉闷。

明度不变的情况下，增强色相型，仍然具有柔和的效果，但层次感变得丰富，且没有刺激感。

　　靠近色调：相同的色调给人同样的感觉，例如淡雅的色调君柔和、甜美，浓色调给人沉稳、内敛的感觉等。因此不管采用什么色相，只要采用相同的色调进行搭配，就能够融合、统一，塑造柔和的视觉效果。

组合中包括了各种色调，以给人混乱、不稳定的感觉。

将配角色和背景色调整为靠近色调，效果稳定、融合。

　　在调整色调进行融合时，注意要避免单调感，可以保留主角色的色调，将其他角色的色调靠近，这样既能够凸显主角色，又不会过于单调。

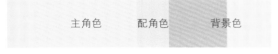

统一为淡色调，非常稳定，但是没有变化，主角色不够突出。

改变成两种色调搭配，变得有层次感，且主角色非常突出，融合又具有动感。

　　添加类似色：这种方式适用于室内色彩过少，且对比过于强烈，使人感到尖锐、不舒服的情况下使用。选取室内的两种角色，通常建议为主角色及配角色，添加或与前面任意角色为同类型或类似型的色彩，就可以在不改变整体感觉的同时，减弱对比和尖锐感，实现融合。

添加橘黄色的类似色后，对比有所减小，变得稳定、融合。

改为添加蓝色的类似色后，仍然具有融合的效果。

同时添加两种色彩的类似色后，减弱对比的同时，层次变得更为丰富。

同时添加两种色彩的类似色及同类色后，效果变得更为融合，丰富且稳定。

　　重复形成融合：同一种色彩重复的出现在室内的不同位置上，就是重复性融合，当一种色彩单独用在一个位置与周围色彩没有联系时，就会给人很孤立不融合的感觉，这时候将这种色彩同时用在其他几个位置，重复出现时，就能够互相呼应，形成整体感。

同款式的印花布重复性的出现在窗幔、靠枕以及床凳上，加强了空间的整体融合感。

橘红色重复性的出现在茶几上、座椅上以及展示架上，形成多位置的重复，使其并不显得突兀，具有融合感。

　　群化形成融合：群化就是指将临近物体的色彩选择色相、明度、纯度等某一个属性进行共同化，塑造出统一的效果。群化可以使室内的多种颜色形成独特的平衡感，同时仍然保留着丰富的层次感，但不会显得杂乱无序。

冷色和暖色间隔排列，非常活泼，但容易给人混乱、不统一的感觉。

按照冷暖色群化，仍然具有活泼感，同时具有了秩序感，不会让人感觉混乱。

感觉混乱、没有融合感

按照纯度群化具有融合感

感觉混乱、没有融合感

按照冷暖分组具有融合感

色彩及风格选择核对表

根据居室的面积和喜好选择设计风格

在选择居室的设计风格时，首先要考虑的是居室的面积，有些风格的配色较厚重，就不适合用于小户型，例如传统风格。

除了确定风格选择色彩，也可根据喜欢的色彩来选择适合的风格，例如喜欢蓝色，可选择的风格有简约、现代、地中海、田园等，而后再具体选择。

常见的风格可分为现代简约、现代前卫、新古典、新中式、田园、美式乡村、地中海、东南亚八种风格。将所有风格的特点及相关的代表色做成表格的形式，更直观、简洁，可以直接对照来确定喜欢的风格及所用的色彩。

色彩与风格核对表

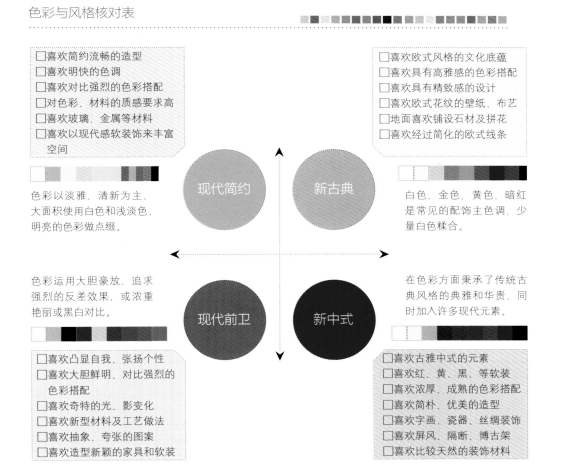

□喜欢简约流畅的造型
□喜欢明快的色调
□喜欢对比强烈的色彩搭配
□对色彩、材料的质感要求高
□喜欢玻璃、金属等材料
□喜欢以现代感软装饰来丰富空间

色彩以淡雅，清新为主，大面积使用白色和浅淡色，明亮的色彩做点缀。

现代简约

新古典

白色、金色、黄色、暗红是常见的配饰主色调，少量白色糅合。

□喜欢欧式风格的文化底蕴
□喜欢具有高雅感的色彩搭配
□喜欢具有精致感的设计
□喜欢欧式花纹的壁纸、布艺
□地面喜欢铺设石材及拼花
□喜欢经过简化的欧式线条

色彩运用大胆豪放，追求强烈的反差效果，或浓重艳丽或黑白对比。

现代前卫

新中式

在色彩方面秉承了传统古典风格的典雅和华贵，同时加入许多现代元素。

□喜欢凸显自我、张扬个性
□喜欢大胆鲜明、对比强烈的色彩搭配
□喜欢奇特的光、影变化
□喜欢新型材料及工艺做法
□喜欢抽象、夸张的图案
□喜欢造型新颖的家具和软装

□喜欢古雅中式的元素
□喜欢红、黄、黑、等软装
□喜欢浓厚、成熟的色彩搭配
□喜欢简朴、优美的造型
□喜欢字画、瓷器、丝绸装饰
□喜欢屏风、隔断、博古架
□喜欢比较天然的装饰材料

常用玻璃材料

对比强烈的色彩搭配
（明度或色相对比）

对材质质感要求高

简约流畅的造型

软装饰充满现代感

明快的色调

现代简约风格示例

奇特的光影变化

大胆、强烈的配色
（明度或色相对比）

夸张、抽象的造型

新材料及工艺做法

造型新颖的家具

现代前卫风格示例

具有精致感的设计

带有欧式花纹的布艺

简化的欧式线条

高雅的色彩搭配

石材地面

现代前卫风格示例

浓厚、成熟
的色彩搭配

古雅的中式元素

瓷器装饰

红色的软装饰

简朴、优美的造型

天然的材质

新中式风格示例

色彩与风格核对表

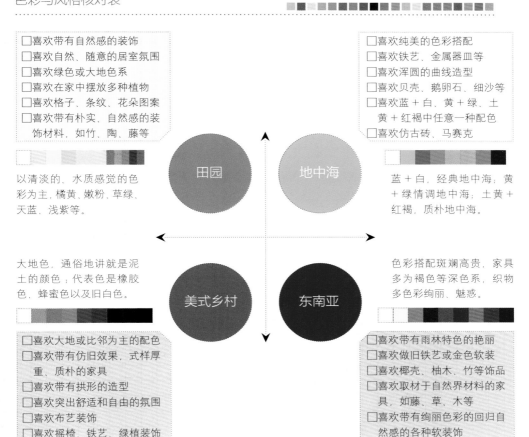

☐ 喜欢带有自然感的装饰
☐ 喜欢自然、随意的居室氛围
☐ 喜欢绿色或大地色系
☐ 喜欢在家中摆放多种植物
☐ 喜欢格子、条纹、花朵图案
☐ 喜欢带有朴实、自然感的装饰材料，如竹、陶、藤等

以清淡的、水质感觉的色彩为主，橘黄、嫩粉、草绿、天蓝、浅紫等。

大地色，通俗地讲就是泥土的颜色；代表色是橡胶色、蜂蜜色以及旧白色。

☐ 喜欢大地或比邻为主的配色
☐ 喜欢带有仿旧效果、式样厚重、质朴的家具
☐ 喜欢带有拱形的造型
☐ 喜欢突出舒适和自由的氛围
☐ 喜欢布艺装饰
☐ 喜欢摇椅、铁艺、绿植装饰

田园

地中海

美式乡村

东南亚

☐ 喜欢纯美的色彩搭配
☐ 喜欢铁艺、金属器皿等
☐ 喜欢浑圆的曲线造型
☐ 喜欢贝壳、鹅卵石、细沙等
☐ 喜欢蓝＋白、黄＋绿、土黄＋红褐中任意一种配色
☐ 喜欢仿古砖、马赛克

蓝＋白，经典地中海；黄＋绿情调地中海；土黄＋红褐，质朴地中海。

色彩搭配斑斓高贵，家具多为褐色等深色系，织物多色彩绚丽、魅惑。

☐ 喜欢带有雨林特色的艳丽
☐ 喜欢做旧铁艺或金色软装
☐ 喜欢椰壳、柚木、竹等饰品
☐ 喜欢取材于自然界材料的家具，如藤、草、木等
☐ 喜欢带有绚丽色彩的回归自然感的各种软装饰

朴实、自然的装饰材料

条纹图案的布艺

简约流畅的造型

绿色和大地色为主的软装饰

自然类的装饰材料

明快的色调

田园风格示例

21

拱形造型

大地色为主的配色

铁艺灯具

布艺装饰

厚重、质朴的家具

带有做旧感的家具

美式乡村风格示例

铁艺材料的软装饰

拱形造型

浑圆的曲线造型

黄色为主的纯美配色

蓝 + 白的色彩搭配

仿古砖地面

地中海风格示例

做旧铁艺灯

做旧金色摆件

做旧铁艺摆件

色彩艳丽的布艺

柚木饰品

自然材料的家具

东南亚风格示例

第二章

色彩类型与搭配设计

根据色彩冷暖及搭配数量
迅速查找适合的色彩

冷色、暖色以及黑白灰给人的感觉是不同的，
什么情况下适合使用冷色，什么情况适合使用暖色；
为什么对比色和多色搭配能够活跃空间，
对比色的怎么搭配，有哪些禁忌；
多种色彩搭配如何掌握才不易出错；
掌握这些能够更好地使用各类色彩，
塑造出舒适而又自然的家居氛围。

冷色系
配色解析

冷色系配色并不是指居室中全部的色彩都用冷色系，那样会让人觉得冰冷而失去舒适感，是指将冷色放置在主导地位上，用淡雅的暖色做背景或者适当地加入一些暖色做点缀，更符合自然的规律，使人感到轻松、舒适。

家居色彩设计中很少会单独使用一种色彩，特别是冷色，单独一种会让人觉得单调，可以采用两至三种冷色搭配，再加入中性色或者暖色做搭配，使层次丰富起来，即使是安静的氛围也仅仅意味着单调和冷清。

注：冷色系包括蓝色、蓝绿色、蓝紫色，粉紫色也是冷色系。

冷色系配色适合的户型

冷色系给人一种安静、沉稳、踏实的感觉，能够营造出宁静安详的家居氛围，让人们回归到安逸愉悦的氛围中。尤其是在情绪火爆或亢奋紧张的时候，置身在冷色系的色彩氛围里，可以让情绪冷静下来。

冷色系具有收缩感，能够使房间显得宽敞，淡雅的冷色系还是后退色，在墙面上使用，能够让墙面看上去距离更远，因此冷色系特别适合小户型以及狭窄的房间作为主色使用，例如墙面同为白色，冷色调地面就会比暖色地板感觉宽敞很多。

除此之外，冷色系具有清凉感，适合面朝西（西向房间下午光照过强）或者炎热地带的家居使用，能够在心理上缓解强光带来的不适感。

配色禁忌

冷色系配色，应避免过多地使用暖色特别是厚重的暖色，若在面积上或者视觉注意力上超过了冷色系的主体地位，容易喧宾夺主，失去冷色的主导地位。在使用蓝色、蓝绿色时尽量避免用暗浊色做墙面背景色，容易让人感觉阴暗。

冷色和暖色面积类似，分不清主次，冷色失去主导地位。

厚重的暖色做背景色，即使冷色面积够大，也会失去主体地位。

暗浊色的冷色做背景，让人感觉阴暗、不安定。

冷色系配色色彩速查

蓝色系 ▨▨▨▨▨▨

蓝色系 + 无色系	蓝色系 + 对比色系	蓝色系 + 类似色系

与白色搭配清爽、明快，搭配灰色或黑色具有男性特点	对比色包括红色系、橙色系、黄色系及粉色系，效果活泼	类似色包括绿色系、紫色系，配色效果稳定中具有变化

蓝绿色系 ▨▨▨▨▨▨

蓝绿色系 + 无色系	蓝绿色系 + 对比色系	蓝绿色系 + 类似色系

蓝绿色色感位于蓝色和绿色中间，与无色系搭配比蓝色更柔和一些	对比色与蓝色相同，与蓝色相比对比的效果没有那么强烈	类似色包括蓝色、绿色、紫色，与蓝色搭配效果最稳定、内敛

蓝紫色系 ▨▨▨▨▨▨

蓝紫色系 + 无色系	蓝紫色系 + 对比色系	蓝紫色系 + 类似色系

蓝紫色与无色系搭配具有高雅、时尚的效果	对比色包括橙色系、黄色系、粉色系及绿色系，效果活跃、开放	类似色包括紫色蓝色系、紫色系、红色系及粉色系，效果稳定

粉紫色系 ▨▨▨▨▨▨

粉色紫系 + 无色系	粉紫色系 + 对比色系	粉紫色系 + 类似色系

粉紫色系搭配白色效果明快，具有女性特点，搭配黑色或灰色时尚	粉紫色的对比色包括橙色系、黄色系、绿色系及蓝色系，效果活泼	粉紫色的类似色包括紫色、粉红色及红色，效果妩媚、女性化

冷色系配色实例解析

冷色系配色实例解析——蓝色系

1 室内采光非常好，用湖蓝色做墙面可以减弱部分强光，使人感觉舒适、凉爽。

2 两种至三种冷色占据空间大面积的时候，搭配少量类似色调的暖色能够使效果更舒适。

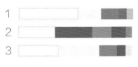

1 　　　　　　　　　　　　以蓝色为主导时,搭配的暖色若参考自然界海边常见的色彩则更协调,如花朵、沙滩等。

2 　　　　　　　　　　　　不同的蓝色搭配,占据了大部分的背景色。用原木桌椅搭配避免过于冷清影响食欲。

3 　　　　　　　　　　　　蓝灰色墙面具有反光的质感,并不显得沉闷,配以明暗对比强烈的桌椅,层次丰富。

1

墙面和地面采用了同样的蓝色，但不同的花纹进行搭配，融合整体的同时也避免了单调感。

2

将蓝色作为一个元素，用重复融合的方式，使其成为室内的主色，不同种类的蓝色搭配，不会让人觉得单调，具有层递式的层次感。

3

若居室内全部背景色都是冷色系，则会让人感觉过于冰冷，特别是卧室，因此地面采用暖色可以使人感觉更舒适。

冷色系配色实例解析——蓝绿色系

1

蓝绿色、蓝色等冷色作为背景色和配角色，搭配米灰色做主角，具有冷艳的高贵感。

2

用略为暗沉的蓝绿色做背景色，搭配米灰色的沙发及地面，再点缀少量的白色，使空间显得宽敞、明亮又雅致、清新。

3

大面积的白色做背景色及主角色，显得明亮、宽敞而又整洁，少量加入蓝绿色的软装饰，因糅合了冷色和中性色，与白色搭配效果清新但不会过于冷清。

1

深蓝绿色的墙面搭配白色的顶面，塑造清爽、文静的整体感，空间很宽敞，全部冷色会让人觉得空旷，采用温和的米灰色系做主角色，少量暖色点缀，舒适、惬意。

2

以白色做大面积背景色，米灰色做主角色，暗蓝绿色作为点缀色加入进来，增添了冷峻感和绅士感。

3

全部是冷色会影响食欲，视觉中心部分使用冷色，既能够增添高雅感又兼具舒适感。

1

灰调的浅蓝绿色具有高级感，搭配米灰色和浅金色，舒适而又具有高雅感。

2

在卧室中，床品及饰品选择冷色调更容易引人注意，而且更换方便，随时可转换色系。

3

当空间中的大部分为白色时，采用一点蓝色做点缀就能塑造出清新、舒爽的氛围，地面采用黄灰色地板，能够增强重心，且使房间显得更高。

冷色系配色实例解析——蓝紫色系

1

紫灰色非常高档、雅致，搭配白色以及银灰色做背景，将它的这种感觉衬托的更加显著。

2

以蓝紫色与类似型的紫色组合，加入白色做调节，形成了具有稳定感的配色，氛围柔和、浪漫，色彩之间明度过渡平稳，增添了高雅感。

3

淡雅的蓝紫色搭配柔和的黄色木质，具有对比感却并不激烈，加入与蓝紫色色调相近的蓝灰色，层次丰富。

冷色系配色实例解析——粉紫色系

1 ▬▬▬▬▬

具有对比感的两种主调搭配扩大空间感的同时不会让人
觉得无趣，苍白，反而十分时尚，白色的加入缓解了对
比的紧张感。

2 ▬▬▬▬▬

地面选择褐色的地板来搭配墙面的深粉色壁纸，可以使
空间的重心更稳且避免过冷。

3 ▬▬▬▬▬

以温和的浅米灰色和厚重的棕色木质搭配粉紫色的背景，
塑造出高雅的氛围。

4 ▬▬▬▬▬

大面积的白色塑造宽敞，明亮的空间感，以冷色系的粉
紫色做主角通过对比使小户型看起来更明快，愉悦。

暖色系
配色解析

　　暖色系是多数人在进行色彩设计时的首选，它能够带给人幸福、温馨的感觉。但若一个房间中全部都是暖色，未免让人觉得单调，在不影响整体风格的情况下，可以用小的饰品来调节，选择一些冷色系的装饰，加入到空间中，使冷暖色平衡一些，会更为舒适。

　　如果房间不是显得特别空旷，不建议用厚重的暖色做墙面的背景色，容易使人感觉憋闷、有压抑感，若特殊情况一定要使用，建议搭配一些明亮色系的装饰画，来遮盖大部分的面积。

　　一个房间中，如果大面积的明亮暖色超过 3 种的时候，建议加入冷色调节，否则，容易让人感觉过于躁动、不安，不利于身心健康。

　　注：暖色系包括红紫色、红色、黄色、橙色。

暖色系配色适合的户型

　　暖色系给人一种温暖、活泼、愉快、兴奋的感觉，能够营造出温暖、亲近的家居氛围。特别适合用于阴暗面的房间，能够缓解阴冷感，使人感觉舒适。

　　暖色系具有膨胀感，是前进色，能够使房间的面积缩小，在墙面上使用，能够让墙面看上去距离更近，特别适合空旷的房间以及狭长型的房间作为墙面的主色使用，如狭长型的过道，尽头的墙面使用暖色，能够缩短整个过道的距离感，使比例看起来更为协调。

　　淡雅的暖色系能够给人温暖感，纯度高的暖色使人感觉开朗，非常适合面用于光照不足的北面房间或者寒冷地带的家居使用，能够在心理上缓解寒冷带来的不适感。

　　暖色系配色，应避免过多地使用冷色特别是暗沉的冷色，不能使其左右暖色的主体地位，尽量避免占据视觉中心或作为大面积的背景色。具有厚重感的暖色不宜做大面积的墙面及顶面背景色使用，容易让人感觉烦闷，可以用于地面。

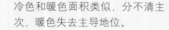

冷色和暖色面积类似，分不清主次，暖色失去主导地位。

厚重的冷色做背景色，即使暖色面积够大，也会失去主体地位。

具有厚重感的暖色做墙面背景，容易让人感觉烦闷、压抑。

暖色系配色色彩速查

紫红色紫

紫红系 + 无色系	紫红系 + 对比色系	紫红系 + 类似色系

与白色搭配明快，与灰色搭配高雅，与无色系三色同时搭配效果时尚

对比色包括黄色系、橙色系、绿色系及蓝色系，效果活泼

类似色包括红色系、紫色系，效果稳定中具有变化，具有女性特点

红色系

红色系 + 无色系	红色系 + 对比色系	红色系 + 类似色系

主配白色最具明快感，与黑、白、灰同时搭配彰显时尚感

对比色包括绿色、蓝色及蓝紫色，配色效果强烈、活泼

类似色包括紫红色、橙色、黄色，具有最热烈的视觉效果

橙色系

橙色系 + 无色系	橙色系 + 对比色系	橙色系 + 类似色系

效果类似红色，但对比感有所降低，比较温和

对比色包括绿色、蓝色及蓝紫色，配色效果强烈、活泼

类似色包括红色、黄色，配色效果最具阳光感、活泼

黄色系

黄色系 + 无色系	黄色系 + 对比色系	黄色系 + 类似色系

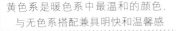

黄色系是暖色系中最温和的颜色，与无色系搭配兼具明快和温馨感

对比色包括蓝色、紫色及粉紫色，效果活泼、欢快

类似色包括红色、橙色及绿色，与红色搭配热烈，与绿色搭配自然

暖色系配色实例解析

暖色系配色实例解析——紫红色系

1

紫红色比红色要偏冷一些，并不会让人感觉过于热烈，本案设计师搭配黑色及深蓝灰色使用，使空间时尚又赋有情调，很适合青年夫妇。

2

紫红色用在地面搭配白顶、白墙及黑色家具，使无色系为主的空间有了色彩的变化，但不会改变整体的时尚感，且非常低调。

3

墙面以紫红色为主色，为了避免过于厚重，用浅色调为主的家具来搭配，使空间的轻重平衡，氛围更舒适。

1

空间整体用温和、舒缓的米色背景及家具。为了避免过于平淡，加入了紫红色为主类似型搭配的地毯，与原有的空间形成微弱的对比，来活跃空间氛围。

2

在卧室中使用红色、紫红色能够增添妩媚感，搭配中式家具及饰品，就会具有古雅的韵味。

3

降低了明度和纯度的紫红色仍具妩媚感却并不会艳丽。搭配白色做主墙面的背景色，并以灰色为主的床品搭配，柔美、妩媚中透着刚毅。

暖色系配色实例解析——红色系

1

因空间采光较好，墙面使用大面积的红色搭配棕色地面也不显得沉闷，彩色条纹地毯更进一步地活跃了氛围。

2

用纯度低一些的浅红色做墙面，仍然使人感觉热情、活跃但刺激度有所降低。

3

红、黄、橙组合的装饰画为餐厅空间带来了活跃感，避免了暖色多的沉闷。

1　暗红色、白色以及浅黄色构成了卧室的主要色彩，彰显出热烈而又温柔的女性特质。
2　本案的面积不大，因此大面积地使用白色和浅米色使空间看起来更宽敞，也使背景墙上的红色更突出，整体效果时尚而又活泼。

暖色系配色实例解析——橙色系

1 ▭▭▭▭▭
自然类材质的色彩总是比同色的人工类色彩更自然，用橙色的木质与白色墙漆及米色沙发搭配，比起橙色的壁纸、墙漆等材料更舒适，不会让人觉得刺激。

2 ▭▭▭▭▭
橙色的壁纸与白色的墙裙和沙发形通过明度的对比，塑造出欢快而又使人愉悦的氛围。

3 ▭▭▭▭▭
橙色系的木质桌椅与墙面的壁挂呼应，加入类似型配色的黄色餐边柜，更显活泼。

1

无色系为主的卧室中，加入一面橙色的墙面，带进了令人愉悦的氛围。

2

墙面采用纯度略低的橙色，比起纯正的橙色更稳定一些，为了使空间的轻重比例更均衡，窗帘、床及床品选择了白色为主的款式。

3

房间面积不大，墙、顶、地大部分以白色为主，彰显宽敞、明亮的感觉，加入深橙色与白色对比，起到了活跃空间氛围的作用。

暖色系配色实例解析——黄色系

1　墙面和地面均采用纯度较高的暖色，就需要分出层次感，否则看上去会感觉过于拥挤，再搭配一些浅色的家具，会使整体效果看起来更舒服。

2　若空间不大，浅色的背景色可搭配明度低的暖浊色沙发，用明度的对比凸显空间感。

3　餐厅中用明亮的黄色做背景色，能够促进人的食欲，使人感觉愉悦、兴奋。

1 温柔淡雅的米色、黄灰色搭配明亮的黄色墙面，塑造出柔美、雅致的睡眠环境。
2 本案采用了类似型的搭配方式，相近的色相组合使空间具有使人安心的氛围，其中明度的变化又塑造出了层次感。

无色系
配色解析

在家居配色中，黑色是很多人不敢使用的色彩，以为搭配不好容易带来悲观的气氛。其实只要掌握足够的技巧，黑色反而非常出彩。小户型可以在背景墙上使用部分黑色，比如黑色墙纸，镜子，黑漆木板等，配以黑白配的家具，再少量地点缀一些亮灰色，时尚而个性。采光好的大户型或者别墅，对黑色的使用就可以更为大胆一些，黑镜、黑白花纹结合的壁纸等都是不错的选择。

纯粹的无色系，许多人会觉得过于冷硬，可以用其他色相来进行调节，例如地面采用淡雅暖色系的地砖，或者搭配纯色的饰品等，就可以使空间的氛围活跃起来。

几种常用的黑白配色方式：

优雅 =60% 黑 + 20% 白 + 20% 灰；冷酷 =50% 黑 + 40% 白 + 10% 灰；阳光 =40% 黑 + 30% 白 + 30% 绿（或暖色）；内敛 =40% 白 + 30% 灰 + 30% 蓝紫（或蓝色）。

无色系配色适合的户型

黑色、白色及灰色，给人们的感觉没有冷暖的偏向，所以称为无色系。无色系配色是指黑、白、灰三种色彩中至少出现两种且作为背景色与主角色的配色情况。

无色系的配色，基本上没有对居室面积的限制，小户型可用，别墅等大空间也可以使用，且可以与任何其他色相搭配。

配色禁忌

总地来说，无色系属于百搭的色彩，可与任何色相、色调搭配，需要注意的是搭配的主次问题。若以无色系为主，其他色彩的比例需要掌控好，不宜占据空间中的背景色中的主要墙面及主角色部分，特别是将白色作为主角时，非常容易喧宾夺主。

黑色作为背景色时，需要掌控好比例，若过大，无论大空间还是小空间，都容易产生阴郁感。

黄色占据了主角色的位置，黑、白、灰的主体地位被弱化。

蓝色占据了大面积的背景色部分，黑、白、灰的主体地位被弱化。

黑色占据背景色的面积过大，哦容易使人感觉阴郁。

无色系配色色彩速查

白色

白色 + 暖色系	白色 + 冷色系	白色 + 同类色

搭配暖色系具有明快、温暖、热烈的视觉效果	搭配冷色系具有清爽、沉稳、安静的视觉效果	以白色为主搭配灰色及黑色具有明亮、素雅、时尚的效果

灰色

灰色 + 暖色系	灰色 + 冷色系	灰色 + 同类色

灰色为主搭配暖色系，具有高雅、时尚又兼具温暖感的效果	灰色为主搭配冷色，具有绅士、雅致、沉稳、都市的效果	灰色为主搭配白色或黑色，具有浓郁的都市感和文雅感

黑色

黑色 + 暖色系	黑色 + 冷色系	黑色 + 同类色

黑色为主搭配暖色，效果温馨中兼具神秘、沉稳且具有沧桑感	最具冷毅感的搭配方式，具有典型的男士特征，非常前卫、个性	黑色为主搭配白色或灰色，具有神秘、坚毅、时尚的效果

无色系配色实例解析

无色系配色实例解析——白色

1

房间的面积很小，以白色为主搭配少量灰色做背景色及主角色能够扩展空间感，显得更宽敞、明亮，少量暖色点缀，活跃氛围，避免单调。

1 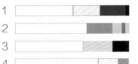 大量白色的空间中，加入靓丽的红色，形成了明快、靓丽的氛围。

2 在以白色和灰色为主的空间中，点缀少量的鲜花、植物能够活跃氛围，增加生机。

3 以白色为主色能够使空间看起来更为宽敞、明亮，少量搭配黑色和米色层次感更丰富。

4 大面积的白色搭配少量的乳白色与淡紫色，餐厅空间显得高雅而又整洁。

1 ▭▭▭▭ ▨▨▨

不同色彩倾向的灰色与白色搭配，统一中具有层次感，且不会显得过于冷清。

2 ▭▭▭▭ ▨▨▨

视觉中心的墙面及家具全部使用白色具有纯净感，地面搭配暖色，避免了过于冷清，使卧室显得更为舒适。

3 ▭▭▭▭ ▨▨▨

卧室顶面采用厚实的褐色木质，很容易显得压抑，因此墙面和家具采用白色搭配浅灰色，减轻顶面的压抑感，少量红色点缀活跃氛围。

1  若选择灰色的沙发，觉得搭配白色背景太过冷硬，可以换为乳白色，会温馨一些。

2  黄色与绿色搭配的地面充满田园氛围，增添了舒适感和轻松感，家具选择色调中性的灰色，以更自然地过渡墙面与地面。

3 不同纯度的灰色相互搭配能够塑造出都市、时尚而又绅士的感觉，适合表现男士特征。

4 餐椅的色彩结合了墙面的白色与餐桌的黑色，使软装与界面结合得更为紧密、自然。

1  卧室中的软装配色以墙面壁纸色彩为基础，加入同类色，既整体又富有变化。

2 在灰白搭配中加入一些米色，不会改变整体的色彩感觉，又能够使卧室更加温馨、舒适。

3 小空间使用不同的灰色搭配，具有层次感，且不显凌乱。

4 灰色的面积比较大，但是分出了不同的层次，同时搭配淡雅的米色，比白色更为柔和。

1 当黑色大面积地在墙面使用时，可以依托于材质的特征来减轻色彩的沉重感。

2 深棕色的木质墙面与黑色的沙发、深灰色的窗帘形成了明度的渐变，虽然重色多，但并不显得萧索、暗沉。

1 　在黑、白组合中加入一些银色的镜面，能够为空间增添时尚感。

2 　家具和墙面的色彩采用同种颜色不同质感的呼应，用重复的手段使空间更具融合性。

3 　纯净的黑白色为中心，能够很容易地塑造出兼具时尚和优雅的氛围，少量黄色灯光和褐色家具点缀，减轻了冷硬感，更符合卧室的氛围需求。

对比搭配
配色解析

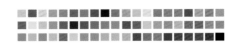

　　把两种对比强烈的色彩组合起来能够形成极具吸引力的效果。在强烈撞击之中，暖色的扩展感与冷色的后退感都表现得更加明显，冲突也更激烈，此时需要注意避免搭配的过于混乱，可以减低其中一种颜色的纯度或明度。若不习惯于大面积的对比搭配，可以将对比色作为设计的点缀，为空间增添情趣。

　　对比色搭配的广泛做法是大面积使用一种颜色，通常是冷色，然后用少量的暖色加以平衡。反之，以暖色为主，冷色点缀，效果同样理想，特别适合阴暗或者气氛呆板的空间。

　　无色系和中性色能够很好地容纳对比色，成功地运用对比色与中性色及无色系相组合是最容易获得成功的做法。例如将对比色用在中性色或者无色系沙发上的一组靠垫上，或者从一幅画中或地毯上选出某种颜色，或者是集中在中性背景的窗帘图案上，既能够活跃空间氛围，又不会让人觉得过于刺激和突兀。

　　注：对比色是指性质相反的色相。其明度相差悬殊，如红与绿，黄与紫，橙与青等。双方互为补色，在并列时，由于相互鲜明地衬托，能够引起强烈的对比感。

对比搭配配色适合的户型

　　对比配色指的是色相型中对决型及准对决型（详见本书第 17 页内容）的配色方式，这种配色方式具有开放感，非常能够调节氛围，适合各种户型。

　　空间过小时，对比色不建议作为背景色和主角色来搭配，会使人感觉过于刺激，缩小空间感，可作为点缀色来调节氛围。

　　同时，切忌两种对比色的面积相似或相等，容易分不清主次也会让人感觉过于刺激，以一种为主最佳，大部分风格中不建议在大面积的范围内使用纯色进行对比。

对比色做背景色及主角色会使空间感觉更拥挤，不适合小空间。

两种颜色面积相似，对比过于强烈，分不清主次。

纯色做对比效果强烈、刺激，不建议轻易使用。

对比搭配配色色彩速查

色相对比

红色系＋绿色系

红、绿对比是源自于自然界中花与叶的色彩，是最为自然的一种对比

红色系＋蓝色系

红与蓝对比具有天真、活泼的效果

黄色系＋蓝色系

黄、蓝对比清新的氛围中带阳光感，犹如晴朗的海边给人的感觉

黄色系＋紫色／紫红系

黄色与紫色系对比具有活泼中带有高贵感

绿色＋紫色／紫红系

绿色与紫色系对比较温和，具有童话般的天真氛围

橙色系＋绿色系

橙色与绿色对比最具生命力，使人感觉活跃、充满生机

橙色系＋蓝色系

橙色与蓝色对比效果类似黄、蓝对比，但效果更热烈一些

橙色系＋紫色／紫红系

橙色与紫色对比兼具热烈与典雅，是比较柔和的对比搭配

色调对比

纯色＋高明度

明度最高的是白色，其次是接近白色的浅色，此类色彩与纯色搭配能够形成明快、活泼的对比感

纯色＋低明度

明度最低的色彩是黑色，其次是接近黑色的深色，此类色彩与纯色搭配对比的活泼度降低，具有一定的稳定感，更时尚一些

高明度＋低明度

此类对比在色调对比中对比感最强，也具有明快、活泼的感觉但比色相对比要更为温和、舒适

对比搭配配色实例解析

1  红色与绿色的对比并没有采取大面积的形式，而是采用材质本身的纹路以及勾边的形式来表达，这样的结合更具一体感，有对撞感但不会显得刺激。

2 红色与绿色的对比经过浅黄色的过渡而变得柔和，空间具有跳跃感，但不会特别强烈。

3 小空间的对比色可以用家具来表现，如本案中的主沙发与座椅对比，易于随时做改变。

4 绿色与粉红色的对比是激烈的，但是调和后的淡色对比则具有浪漫、童话般的感觉。

1 　在家具上做对比色搭配比在墙面上要灵活很多，且效果更易于让人接受，也更灵活。

2 　房间中粉色与绿色的面积类似，主次难分，加入了窗帘部分后，粉色便成为了主色。

3 　深橘色与天蓝色除了色相的对比外，还形成了明度的对比，层次感更为丰富。

4 　以红色系做大面积的布置，为了避免沉闷少量加入了灰色的湖蓝色点缀。

1  淡雅的湖蓝色做背景色能够彰显宽敞、明亮的感觉，橘红色用于家具减弱对比更舒适。

2 将对比色用在布艺上，既能够活跃氛围又能够随时更换，方便而又容易出彩。

3 如果不喜欢过于激烈的对比，可以将一种对比色大面积使用，另一种只做少量点缀。

1 　将对比色以布艺花纹的形式呈现出来，更加自然，活跃气氛但不影响整体感。

2 　黄蓝对比中的黄色源于自然界中的木质，比起人工调试的色彩，适用人群更广。

3 　餐厅中的大部分色彩都非常柔和，选择用软装做对比，显得更为灵动、活泼。

4 　加入红色的两把餐椅，与绿色的墙面产生对比，以避免色彩过于接近而层次不清。

5 　大面积的绿色中少量的点缀红色，使中式的韵味更加浓郁，同时活跃了氛围。

1  蓝色与白色以花纹的形式结合，显得更为清爽，配以草绿色的点缀，增添了生机。

2 在儿童房使用红色与蓝色对比，能够凸显出儿童活泼、好动的天性。

3 暗蓝色的沙发与紫红色的床品相对撞，带有一些休闲感，不会过于刺激。

4 软装部分以深蓝色搭配红色为主，少量加入浅蓝色和黄色调节，具有高档感的活泼。

1 以粉红色为主的空间充满了浪漫感，加以草绿色的点缀，更强化了这种感觉。

2 降低一些纯度的绿色与粉红色搭配，不会显得过于刺激，且有种天真的童话氛围。

3 本案没有采用大面积的对比色搭配形式，仅选择了红绿相撞的一组装饰画，就改变了过于安逸的卧室氛围，且还可通过更换成其他类型的画作为空间做个小改变。

对比搭配配色实例解析——色调对比

1 将荧光绿色加入到无色系为主的空间中，形成了丰富的明度对比，使整体氛围活跃起来。

2 紫色与黑色组合的沙发与白色的背景色形成了明快的对比，让空间显得更为宽敞。

3 以色调对比为主点缀色相对比的配色形式，具有非常丰富的层次感且效果文雅。

4 白色为主的空间中，加入深色的家具，形成明度的对比，活跃氛围的同时不会具有刺激感。

1

在同一个墙面上下部分分别采用高明度与低明度的色彩，形成明度差使重心在下，能够形成动感，这种动感比色相对比，更稳定。

2

用纯度较高的绿色与白色搭配，经过蓝色和蓝绿色的调节，形成了清新、明快而又具有丰富层次感的配色效果。

3

白色的家具与深红色的背景形成强烈的明度差，虽然没有强烈的色相对比，仍然具有活跃、明快的氛围，这样的对比方式适合各种人群和户型。

多色搭配
配色解析

多色搭配的色彩设计方式十分容易出彩，特别适合简约风格，即使室内全部使用白顶、白墙，而后搭配多色相搭配的软装，试想大片白底色上，点缀红色、绿色、黄色、蓝色等色块，充满亮点，轻松地就能够装饰出时尚而又活跃的家居空间。因此，想要塑造出自然舒展、富有活力的空间氛围，首选的就是多色搭配。

多种色彩搭配尽量避免出现在顶面上，容易使空间失去重心，呈现出上重下轻的情况；小空间不适合大面积出现在墙面上，可以做局部点缀或者依托于材质，例如彩色条纹壁纸，当多色依托于图案时，可以分化每种色彩的面积，减弱其对空间的影响。

将多色搭配用在点缀色上，比起用作背景色及主角色，更容易让人接受，也不容易引起层次的混乱；若做背景色可用作地面，例如现在新型的彩色地板，或者彩色花纹的地毯，自带自然的多色拼接，更加自然，搭配白色墙面和简单的家具就非常具有装饰性。

若追求个性，要在墙面背景色上使用多色搭配，则要将主次分清，不宜等面积拼接，且后期搭配的饰品也要精心选择。

多色搭配配色适合的户型

多色搭配是指至少三种色彩出现在一个空间中的设计方式，如色相型中的三角型、四角型及全相型，这种搭配比对比搭配更为活跃，同样没有户型及面积的使用限制。

配色禁忌

多种色彩搭配的色彩数量至少在三种以上，因此不建议在使用时采用等面积的划分方式，非常容易造成混乱的状况。

当墙面背景色的色彩纯度较高或为明度低的暗色时，多色搭配的软装不建议使用纯色，特别是小空间，很容易让人感觉拥挤、混乱。

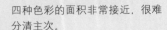

四种色彩的面积非常接近，很难分清主次。

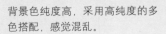

背景色纯度高，采用高纯度的多色搭配，感觉混乱。

明度低的背景色，采用高纯度搭配，也容易层次不清。

多色搭配配色色彩速查

三角型、四角型搭配

冷色为主	暖色为主	无色系为主

冷色为主的三角型、四角型配色，整体感觉偏冷，效果清新、舒爽	暖色为主的三角型、四角型配色，整体感觉偏暖，效果温馨、轻松	以无色系为主的三角型、四角型配色，效果更靓丽、时尚

全相型搭配

冷色为主	暖色为主	无色系为主

冷色占据主要地位的全相型配色，整体感觉偏冷，效果清爽	暖色占据主要地位的全相型配色，整体感觉偏暖，效果活跃、欢乐	无色系占据主要地位的全相型配色，整体时尚、明快

多色搭配配色实例解析

多色搭配配色实例解析——三角型、四角型搭配

1

在沙发组中选择一个单人座椅使用明亮的色彩，而后配合这种颜色，主沙发上装饰一些包含此种颜色的靠垫，整体感就会很强，不会使这个座椅脱离整体。

2

拼色式的布艺沙发经过设计师的精心设计，虽然颜色多样，但是并不会让人有混乱的感觉，如果对自主配色没把握，则可选择已经设计好配色的软装来丰富空间。

2

1 红绿对比中加入黄色系进行调节，空间舒适，充满自然感的同时也具有跳跃的节奏感。

2 墙面采用红、白搭配的方式，加入银灰色的窗帘塑造明快、时尚的氛围。橙色与蓝色搭配的地毯对比强烈，与红色墙面搭配活跃且具有很强的张力。

1  黄蓝搭配塑造地中海风格的基本氛围，而后搭配彩色条纹桌旗，来使空间层次更丰富。

2 餐厅中的配色以大地色为主，使人感觉亲切，蓝色、黄色的点缀使层次感更显著。

3 将橘黄、黄、绿、蓝色作为一组元素，以软装的方式重复出现在餐厅中，使素雅的餐厅变得活泼起来，且不会让人感觉过于突兀。

1 　紫色和粉红色、绿色和黄色分别为两组类似色，这样的两组色彩组合在一起，与两组对比色组合相比也具有活跃干，但更为舒缓、舒适。

2 　紫色墙面和粉色床品是类似型的搭配，加入绿色来调节，可使效果更为开放、活泼一些。

3 　女孩的卧室以柔和的淡色为背景，点缀亮色软装，能够彰显出乖巧与活泼兼具的天性。

4 　大量白色的卧室中，以粉色为主，塑造梦幻的整体氛围，为了避免平淡，小体积的家具选择了多种颜色，使空间变得活泼起来。

1　　多彩的地毯层次非常丰富，家具的色彩选择为地毯中的两种纯色，增强整体感。

2　　　　　　　　　　许多简约风格的卧室色彩搭配的都比较素净，可以通过一些多彩的软装来改变氛围。

3　　　　　　　　　　新古典风格中要求色彩搭配温和一些，因此蓝色、绿色和黄色都降低了纯度。

1　客厅中虽然使用的颜色很多，但每一部分都有所呼应，搭配在一起并不会显得凌乱。

2　如果室内多处使用拼色色块，那么背景色选择白色或近白色的淡色最佳。

3　沙发是拼色组合，墙面就相对素净一些，这样沙发本身的配色特点会显得更加突出。

1 浅米色的沙发显得有些单调，搭配蓝色、蓝绿色、橘红色、黄色、红色组成的全相型配色软装，一下子变得活跃起来，充满了动感。

2 不想改变室内氛围又觉得色彩搭配略为平和，可以用鲜花和绿植来丰富层次。

3 墙面背景色采用彩色拼色，因此沙发选择米色，沙发和靠垫则呼应墙面拼色的手法。

4 人的视觉中心在墙面及家具上，当拼色用在地面上时，不会过于扰乱视线而觉得凌乱。

1

当淡雅的多种色彩组合在一起时，就有了天真、童话的氛围。

2

卧室的中心就是床，选择多色搭配的床品来活跃空间氛围可以强化床的主角地位。

3

墙面采用柔和的米灰色，塑造舒适、温馨的氛围，床品采用全相型配色的款式，以粉色、绿色为主，搭配橙、黄等多种颜色，增添童话般的氛围，以软装饰来活跃空间效果显著且随时可改变整体氛围，非常便宜。

第三章

空间特点与色彩设计

根据空间的建筑特点
找寻适合的色彩设计方式

并不是所有的建筑空间都是规则的、比例恰当的，
很多建筑中会出现或窄小、或狭长或 不规则形状的居室，
这些户型会降低人们的舒适感，
通过色彩可以减弱这些缺点，
在视觉效果上改变空间的高矮、长短等，
使整体的比例更为协调。
这一章主要介绍怎么通过色彩来达到美化空间的目的。

狭长型家居空间的色彩设计

　　国人购房均以方正为佳，因此狭长型的空间对于看惯了方正户型的人来说会感觉很拥挤，开间和进深的比例失衡比较严重，几乎是所有户型中最难设计的。因为有两面墙的距离比较近，且远离窗户的一面采光不佳，所以墙面的背景色要尽量使用一些淡雅的、能够彰显宽敞感的后退色，使空间看起来更舒适、明亮。

　　这种户型建议采用简约、风格、蓝白地中海等风格，这些风格的造型较简洁，配色特点一明亮、通透为主，家具的选择比较灵活、轻盈，不会有厚重感和拥挤感。

根据户型的特点具体的设计

　　狭长型户型也以分成两种类型，一种是长宽比例在2：1左右的，看上去还是比较舒适的，另一种是长宽比例相差很多，"长条感"很强的类型。总的来说，无论何种类型，在进行配色设计时，都宜尽量保持整个空间的统一性，特别是墙面部分，不建议选用的材料及色彩超过3种。

　　第一种情况，设计上发挥的余地要大一些，可以在重点墙面部分做一些突出的设计，如更换颜色或更换为与其他墙面同色系的不同材料。也可以将房间的天花、墙壁、柜子和地面都选用同样的浅色实木材料，相同的颜色和质感，能够形成统一和谐的视觉效果，从而无形中扩充空间的体量。

　　如果长宽比例相差的特别大，墙面建议采用白色或接近白色的淡色，除了色彩外，材质的种类也尽量要单一。后期搭配的软装配色也需要与整体空间呼应，可以少量使用纯色来丰富层次感，避免选择厚重的款式。

狭长型家居空间色彩速查

| 白色、淡色墙面 | 彩色墙面 |

全部白色或浅色的墙面能够使狭长型的空间显得明亮、宽敞，弱化缺陷，搭配彩色软装可以避免单调感

用彩色装饰主题墙，或者一侧的顶、墙、地全部采用同种材料装饰，属于较个性的狭长型户型配色方式

狭长型家居空间色彩设计实例解析

狭长型家居空间色彩设计实例解析——白色、淡色墙面

1

过于狭窄的过道适合使用白色或浅色统一的涂刷顶及墙。

2

玄关虽然狭长，但并不是全部为实体，但采光不佳，所以采用统一的白色墙面使空间显得更为宽敞、明亮。

3

电视墙很长，使用黑白搭配能够显得更为宽敞，搭配深灰色的家具通过明度的对比产生明快感，弱化空间的狭长感。

4

顶面、墙面及地面全部使用白色，以背景色来彰显宽敞感，而后用家具的色彩来调节层次，很适合狭长的小空间。

1 墙面统一采用白色暗纹的壁纸，意图使狭长的客厅显得宽敞，明亮一些，家具简单的采用白、红、黑搭配简洁，时尚而又能凸显重点。

2 白色有利于扩展空间感，弱化狭小感，但也容易显得单调，搭配家具时，可以选择色彩搭配比较丰富一些的款式，如本案中蓝色与褐色结合，同时有冷色和暖色。

1 　狭窄的餐厅使用白色背景搭配灯光能够显得非常宽敞，若觉得还是不足可用镜面来补充。

2 　当餐厅空间非常狭长时，色彩控制在3种之内更利于显得宽敞，家具与背景色可采用呼应的方式来增加层次感。

3 　家具的色彩源自于墙面及地面，并采用穿插的形式来布置，虽然色彩少却仍具有层次。

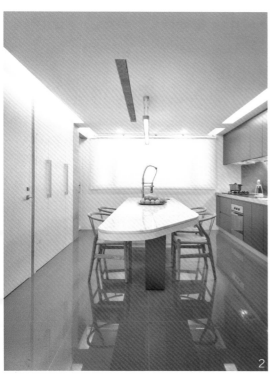

1 背景色划分为两部分，大部分白色，少部分褐色，且将地面的褐色延续到了部分墙面上，使空间更为整体，最后以简单配色的软装调节层次感，十分简约。

2 空间狭长且不规则，墙面统一使用白色能够最大化地弱化这样的缺点，地面使用深灰色具有下沉感，拉高空间，软装配色兼容两者，增强统一感。

1　厨房使用白色能够显得宽敞、整洁，减弱狭长感，搭配米色地面增强了舒适感。

2　淡雅的米黄色背景与白色明度接近，但更为温馨，搭配蓝色橱柜显得清新、明亮。

3　无色系为主的配色使狭长的卫浴间显得宽敞、时尚，金色的点缀增添了华美感。

1　米黄色的明度温馨、明亮，搭配白色做大面积的色彩，使狭长型的过道显得比例更合适。

2　过道尽头使用黑色，具有收缩感，能够从视觉上缩短过道的距离，使比例更为舒适一些。

3　小空间配色宜简单一些，沙发分别与电视柜和电视墙的色彩呼应，具有很强的整体感。

4　沙发墙用米黄色与其他界面的白色做区别，增强了温馨感和层次感，且不会破坏塑造宽敞感的设计目的。

1  客厅采光很好，这对狭长的户型来说十分有利，采用白色为主色更能凸显明亮感。

2 顶、墙面使用了水银镜，通过材料的特性来弱化空间的界面边界，来掩盖户型的缺点。

3 餐厅一面墙为玻璃，透光性好，减小狭长感，尽头的墙面使用深色，能够拉近墙面的距离，使比例更协调。

1  冷色系能够使空间更为清爽，减小狭长户型的压抑感，局部点缀暖色能够活跃氛围。

2 采光好的狭长卧室，床头墙可与其他墙面的色彩做区别，以突显重点，增加层次感。

3 狭长空间内使用了厚重的暖色，但注重层次感的塑造，且面积控制的十分到位，不显沉闷。

4 卧室狭长且使用了厚重色彩的墙面及家具，但左侧墙面并非实体，且采光非常好，所以并不显得特别拥挤。

1 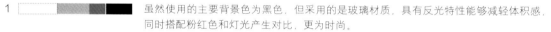 虽然使用的主要背景色为黑色，但采用的是玻璃材质，具有反光特性能够减轻体积感，同时搭配粉红色和灯光产生对比，更为时尚。

2 整体选择了三种颜色，采用穿插、延伸的形式搭配，整体效果简约，但色彩层次感很强，以浅色为主的配色方式弱化了狭长感。

3 从背景色到洁具大部分都使用了白色，以统一的色彩来塑造宽敞感，弱化狭长感，面盆部分的墙面搭配少部分的绿色马赛克，使氛围活跃，不会因为白色多而呆板。

窄小型家居空间的色彩设计

原则是把空间"变大"

想要把小空间"变大",就需要选择彩度高、明亮的膨胀色从视觉上使空间更宽敞,白色是最基础的选择。用浅色调或偏冷色的色调,把四周墙面和天花板甚至细节部分都漆成相同的颜色,空间会产生层次延伸作用,顿时就能变得宽敞。

天花板的颜色比四周墙面的淡不会产生压抑感,空间从上而下,层次分明,也会有视觉延伸效果,房间也会变得更开阔。

在窄小的户型里,饱满和凝重的收缩色,多用在过道尽头的墙面上,从视觉上缩短距离,使比例更协调,不宜大面积用在其他空间中,会让人产生压迫和局促感。

具有个性的色彩设计方式

虽然空间小,但并不意味着色彩的设计就是平淡的,想要色彩设计的既简洁又丰富,运用色彩的重复与呼应,处理好节奏感是关键。可以将表达设计风格的色彩用在关键性的几个部位,使整个空间的基调被这些色彩所控制。

把特别偏爱的颜色用在主墙面,其他墙面搭配同色系浅色调,可以产生层次延伸感。当整个空间有很多相对不同的色调安排时,视觉效果将大大提高。

用色彩进行软分区

房间的面积不足的情况下,可以运用色彩来在视觉上做出一个隔断的效果来达到功能分区的作用。例如两个区域的地板选同款,从地面上营造统一的效果;两面墙壁用大面积的互补色,对比非常鲜明,家具可选用蓝色沙发和黄色的茶几、角柜点缀。在不同区域内以互补色进行补充与点缀,更会起到画龙点睛的作用。颜色上的对立统一,既使视觉上有功能性区域的划分感,又能清楚明了地看出,这个空间其实还是一个整体。

窄小型家居空间色彩速查

收缩色	白色、浅色	膨胀色

多大面积用于过道或玄关中,用于拉近尽头墙面的距离感	白色是明度最高的色彩,具有高"膨胀"性,能够使窄小的空间显得宽	首选"膨胀"色,即明度、纯度高的颜色,可用作重点墙面或重复

窄小型家居空间色彩设计实例解析

窄小型家居空间色彩设计实例解析——收缩色

1

地面位于人的水平视线下，最不容易引起注意，因此在地面上做变化既可丰富层次又不会影响空间感。

2

深褐色的顶面和地面中间，夹着白色的墙面，明度的对比使空间非常明快，不再显得窄小。

3

当三面墙为灰色时，搭配在其中的白色墙面就显得特别突出，同时对比感使空间显得非常明快。

4

虽然玄关很窄小，但一面墙为半通透的隔断，因此采光非常好，使用土黄色做主色也不会显得沉闷。

窄小型家居空间色彩设计实例解析——白色、浅色

1 　 一居室的窄小户型，整个空间的墙面统一使用白色，而后用家具的色彩来划分区域，能够使空间看起来更宽敞，也避免用隔断分区的拥挤感。

2 　 简洁的色彩搭配方式，使空间看起来更简约、明亮，很适合窄小的空间。

3 　 以黑、白为主的搭配具有时尚感和宽敞感，以蓝色装饰画点缀，增加了一丝清爽感。

4 　 顶面和墙面用白色显得轻盈，地面和沙发用灰色显得沉稳，明度差能够拉伸空间高度。

1  因为窄小，在配色设计时，仅选择了两种主色，穿着搭配，之后点缀绿植活跃氛围。

2 如果空间中大部分使用浅色可以显得宽敞也容易失去重心，用深色家具可以调节。

3 过于窄小的空间用大面积的白色彰显宽敞感，但会显得过于冷硬失去生活气息，少量点缀红色，增添了生气。

1　白色基本可以说是窄小空间的比用色彩，搭配蓝色，则显得空间更为整洁和清爽一些。

2　如果不是很喜欢白色，可以顶面使用白色，墙面搭配接近白色的淡色，也具有宽敞感。

3　以白色为主，搭配高明度的浅黄色和少量黑色，在稳定的明度范围内做层次变化，既彰显宽敞、明亮的视觉感又不显得单调。

1　窄小的厨房用白色做主色，既能够显得宽敞也更为整洁，搭配黑色更添时尚感。

2　用暖色系装饰小厨房，建议上部分还是选择浅色，地面的颜色可重一些。

3　无色系的搭配最能过扩张空间，加以水银镜和褐色木质的调节，层次感和宽敞感兼具。

窄小型家居空间色彩设计实例解析——膨胀色

1 ████████ 狭小的空间在进行色彩设计时需要使空间显得宽敞，墙面使用浅色最能凸显宽敞感，如果觉得缺少变化，可以在地面上做文章。

2 ████████ 空间虽然窄小，但是房高却很高，因此主墙选择紫红色也不会显得更为窄小，明度的对比反而显得整体更为明快。

3 ████████ 窄小的户型墙面及地面使用明亮的黄色搭配白色的顶面和家具，整体配色显得非常明亮、活泼，引人注意而忽略空间窄小的缺陷。

1　餐厅处于开敞式的空间中，虽然很窄小，但视线开阔，部分墙面与客厅统一，增强整体感，部分顶面和主题墙则统一涂刷橘色，用色彩实现了区域的划分，比起隔断更个性。

2　家具选择与地面相同色彩的材料能够避免色彩分化，使餐厅空间显得宽敞一些。

3　本案中的餐厅没有独立的空间，且很窄小，墙面的色彩延续其他墙面设计方式，用家具来划分区域，会更容易获得协调的效果。

4　墙面及家具采用同样的颜色，同样的材质，显得非常整体，弱化空间窄小的缺点。

1 主墙面用具有扩张感的冷色做主色，能扩大空间的同时，也能够丰富色彩搭配的层次。

2 如果窄小的卧室使用暖色做背景，则点缀色应选择与其搭配显得活泼一些的颜色，这样能够引人注意，弱化空间的局促感。

3 蓝、白结合的条纹布满整个墙面，能够起到拉伸墙面宽度的作用，且统一的纹路能够弱化墙面边界，使空间显得宽敞一些。

4 窄小的卧室若计划设计一面彩墙，纯色的冷色系比暖色系更为适合一些。

1   用明亮的黄色木质搭配浅蓝绿色的墙砖，塑造出明亮、愉悦的厨房空间氛围。

2   蓝白色搭配明亮、清爽，墙面的统一设计造成视觉的错位，显得墙面很宽敞。

不规则型家居空间
的色彩设计

根据户型特点进行具体设计

现在出现了很多不规则的家居空间，特别是阁楼，基本都有一些异形的存在，较常见的是带有圆弧形或有拐角的户型，还有一些五角、斜线、斜角、斜顶等形状。这些户型进行色彩设计时要比规整的户型难度大一些，并不是所有的不规则形状都是有缺陷的，有些反而是一种特色，在进行色彩设计时，需要根据具体情况来选择弱化或是强化。

不规则形状为缺点的户型

如果居室形状给人的感觉不舒服，就需要弱化这种不规则，从视觉上使不规则的地方与整体尽量统一。墙面位于视觉水平线上，是整个空间中最先引人注意的界面，首要的设计部分在墙面上，有效的方式是整个空间的墙面全部采用相同的色彩或材料，加强整体感，减少分化，使异形的地方不引人注意。若空间的面积较小，建议采用白色或淡雅的色彩做墙面背景色，宽敞一些的空间可以采用带有图案的壁纸等材质。

顶面涂刷白色即可，尽量避免使用材料的拼接；地面部分因为有家具、地毯等软装的掩盖，不会特别的突出，根据室内的风格进行色彩及材质的选择即可。

不规则形状为特点的户型

若不规则的形状是建筑本身的两点，则可以强化这种特点，打破常规，大胆出格，使空间的个性更明显。可以将异形处的墙面与其他墙面的材质或色彩进行区分，也可以用后期软装的色彩来做区别，背景墙、装饰摆件都可以破例选用另类造型和鲜艳的色彩。

还有些户型中，不规则的是玄关、过道等非主体部分，若不存在比例上的不当，地面可以适当进行一些色彩的拼接或者添加线条类的装饰，来强化这种不规则的特点。

不规则型家居空间色彩速查

白色、淡色墙面	彩色墙面	花色墙面

特别适用于不规则的小空间，能够弱化墙面的不规则形状	适合比较宽敞的空间，用统一的彩色墙面来弱化不规则形状	用带有花纹的壁纸等材质装饰墙面，弱化不规则缺陷

不规则型家居空间色彩设计实例解析

不规则型家居空间色彩设计实例解析——白色、淡色墙面

1

结合墙面的弧线，设计了一个座椅，使过道非常具有个性，座椅的颜色与地面相同，能过弱化造型上的突出感。

2

弧形的部分与直线的部分同样选择了白色，只在顶面加入了水银镜，增加层次的同时不会破坏整体感。

3

大面积的白色使得黑色的餐椅更突出，墙面的转角是直角还是弯角也就不会引人注意。

1 墙面统一颜色，能够弱化空间的不规则形状，搭配与墙面相同造型的灰色沙发，则将这点不规则转化成了家具的不规则，变成了特点。

2 地面的设计依据户型的特点，进行了材料的拼接，通过不同色彩来划分区域非常个性。

3 采光佳的不规则户型，用白色和米色做主要搭配会显得更为整洁、宽敞。

4 若餐厅不规则，采光也不好，建议以白色为主色，搭配一些浅色的家具会更明亮。

1 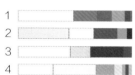 将带有弧度的墙面，做一些彩绘使之成为空间的特色，将缺点变成了优点。

2 淡绿色的墙面配以橘色系的床品，充满生机和悠闲感，非常适合不规则的小卧室。

3 将斜向的部分涂刷成区别于其他部分的黄色，并放置靠垫，就变成了一个小的休闲区。

4 墙面统一色调，橱柜的造型及色彩也全部统一，这样的处理弱化了拐角处的不规则形状。

不规则型家居空间色彩设计实例解析——彩色墙面

1

1

过道部分的墙面带有内凹的弧度，造型上很突出，若使用其他颜色则容易显得零碎，统一使用黄色，用软装饰来凸显不同，更为舒适。

2

大弧度、落地窗的客厅很容易显得空旷、寂寥，用红色点缀能够使客厅氛围活跃起来。

3

整个空间只出现了两种色彩，白色以及木色，简单的配色方式彰显简约感，更适合小的不规则空间。

2

3

1 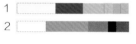 斜顶的造型减小了采光的面积，因此以黄色系为主色，以塑造温馨感增加舒适度。

2 以墙裙做分界，带有斜角的部分与顶面全部采用浅绿色，墙裙则使用白色，这种色彩的分化设计弱化了空间的不规则感。

3 浅蓝色与橘色搭配的橱柜，形成了低调的对比感，使不规则的厨房看上去很舒适。

不规则型家居空间色彩设计实例解析——花色墙面

1 ▢▢▢▢▢■

带有花纹的壁纸装饰墙面，人们会更加注意其花纹，而忽略墙面的不规则部分。

2 ▢▢▢▢▢■

不规则墙面统一采用条纹壁纸，从视觉上尽量掩盖不规则部分，同时还能拉伸墙面长度。

3 ▢▢▢▢▢■

若不规则的空间中窗的面积较大，可以用窗帘的颜色来调节墙面的层次感，形成节奏。

1　墙面统一的采用暗纹壁纸来装饰，能够提升整体感。与带有斜角的顶面搭配形成两个层次没有分化，让效果更舒适。

2　米黄色的条纹壁纸搭配深褐色的木质家具，塑造出了温暖的感觉，减弱了顶部三角形带来的尖锐感。

3　空间不规则，且窗多，用米黄色的墙面和紫灰色的窗帘搭配成间隔，就将不规则部分变成了具有特点的部分，仿佛是特意设计的。

1 ▭▬▬▬▬▬　　用菱格拼色的墙砖放在主墙面上，能够吸引人们的视线，而忽略转角的不规则狭窄部分。

2 ▭▬▬▬▬▬　　不规则的小浴室，墙面及台面全部采用同样的材料，掩盖了拐角，拉伸了墙面的宽度。

第四章

家居风格与色彩设计

根据所喜好风格的不同

选择适合的色彩设计

不同的风格有不同的色彩搭配方式，一种色彩可能对应很多种风格，
可以根据喜欢的色彩来选择风格，
也可根据所喜欢的风格特点，来选择颜色。
这一章，以家居风格的色彩搭配特点为主要内容，详细讲述了各种风格的特点，
配有速查表，
可以迅速找到风格的经典配色，
进而选择适合自己的搭配方式。

简约风格
家居色彩设计

配色以黑、白、灰为基础

　　简约风格注重居室的使用功能，主张废弃繁琐的装饰，色彩造型紧跟时尚潮流，以个性化、简单化的方式塑造舒适家居。现代简约风格家居的色彩设计，通常以黑、白、灰色为大面积主色，搭配亮色进行点缀，黄色、橙色、红色等高饱和度的色彩都是较为常用的几种色调，这些颜色大胆而灵活，不单是对简约风格的遵循，也是个性的展示。

　　白色：简约风格中的白色更为常见，白顶、白墙清净又可与任何色彩的软装搭配。如塑造温馨、柔和感可搭配米色、咖色等暖色；塑造活泼感需要强烈的对比，可搭配艳丽的纯色，红色、黄色、橙色等；塑造清新、纯真的氛围，可搭配明亮的浅色。

　　黑色：具有神秘感，大面积使用感觉阴郁、冷漠，可以做跳色，以单面墙或者主要家具来呈现。

　　灰色：明度高的灰色具有时尚感，如浅灰、银灰，用做大面积背景色及主角色均可，明度低的灰色可以以单面墙、地面或家具来展现，总地来说，明度高的灰色比较容易搭配。

简约风格家居常用色彩速查

无色系＋彩色

无色系＋暖色系	无色系＋冷色系	无色系＋对比色

搭配高纯度暖色具有靓丽、热烈的氛围，搭配浅色具有温馨感	搭配高纯度冷色具有清爽、冷静的效果，搭配浅色具有清新感	搭配一对或几对对比色能够使室内氛围活跃起来

无色系

白色	灰色	黑色

以白色为主的简约配色具有纯净、简洁的氛围，同时可扩大空间	灰色为主的简约配色具有都市感和高雅的氛围，无色系中其层次最丰富	黑色为主的简约配色具有神秘、肃穆的氛围，小空间不宜大面积用

简约风格家居色彩设计实例解析

简约风格家居色彩设计实例解析——白色

1

以白色为基础，搭配橙色、紫色、粉红色、绿色、蓝色等全相型的软装饰，塑造出具有活泼感的简约风客厅。

2

客厅中背景色及主角色的明度非常接近，从顶面到地面逐渐加深，具有稳定感。少量搭配低明度的深灰色以及彩色的花束，层次感便丰富起来，不再显得过于单调。

3

以白色为主色少量糅合浅银灰色，能够塑造出简约而纯净的空间，为了避免白色沙发与背景分不清，加入了灰色和黑色搭配的靠垫，以突显主角。

1 ────────── ▮▮▮▯ 墙面以白色搭配浅灰色在配以乳白色的沙发，既保证了明亮感，又具有微妙的变化，地面用褐色增加一点温暖感且使重心在下，具有稳定感。

2 ────────── ▮▮▮▯ 以白色为主的简约空间中，搭配高明度粉色做主角，塑造出具有靓丽感的简约氛围。

3 ────────── ▮▮▮▯ 若觉得黑、白、灰的组合有些单调，加入一点对比色的软装，维持简约感的同时可使氛围活跃起来。

4 ────────── ▮▮▮▯ 黑、白、灰的组合中，加入红色系做主角，可以增加妩媚感和时尚感。

1 简约讲究少就是多，色彩的搭配上也呼应这一原则，采用白色做主色追求宽敞的诉求，而黄色系的加入平衡白色的冷硬，使餐厅空间的氛围更为舒适。

2 用白色做主色，米色做副色，点缀色黑色及果绿色，简约却不乏层次感。

3 不喜欢黑、灰色，可以用白色的顶、墙与黄褐色的地面搭配，再加入两色结合的家具，简约而温馨。

4 白色顶、灰色的地面，中间部分的墙面采用明度接近白色的浅米色一点，塑造出了具有温馨感的简约空间。

1　白色为主色，使空间宽敞、明亮，搭配茶色做副色，增添沉稳和温暖感，少量黑色做点缀，整体氛围更为舒适、轻松。

2　以白色和灰色为主的卧室中，少量加入一些暖色，可以使空间兼具温馨感和时尚感。

3　大面积的灰色、白色搭配用于卧室中会觉层次略单薄，点缀一点蓝色和绿色的近似型组合，丰富层次感的同时也不会有太活跃的感觉，不会破坏素净的整体氛围。

4　卧室中的配色非常简约、干净，少量红色、绿色的点缀，增添了生活气息。

1 淡雅的绿色放在墙面及地面上，白色用在顶面及部分墙面，穿插搭配具有动感，避免单调。

2 将拼色条纹用在地面上，活跃层次感的同时，也不会影响简约、整洁的整体氛围。

3 空间配色简洁，最具重量感的褐色用在墙面上，使重心位于中间，可为平和的氛围增添动感。

4 明亮的湖蓝色与白色搭配具有干净、清透的感觉，为了避免层次过于单调，加入了同类型做点缀，层次更丰富且不会改变原有配色效果。

5 小面积的卫浴间使用白色为主，搭配少量深灰色线条，既简约又能够彰显宽敞感。

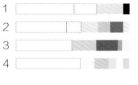

1   黑、白、灰三色的面积基本相等，不同的是白色用在了顶面和部分墙面，灰色在地面，而黑色占据了最引人注意的中间部分，因此成为了最主要的色彩。

2   将黑色用作墙面背景色时，用黑镜就不会显得黑色过于阴郁、沉闷，还能增添时尚感。

3   黑、白、灰相间的条纹沙发要比纯黑色的沙发更吸引人的视线，搭配黄色做配角色，更显个性。

4   黑色可以表现出冷峻、神秘的一面，点缀蓝色和黄绿色，显得柔和一些，减轻黑色的沉重感。

1  黑色桌布上配上白色圆点，四把颜色各异的椅子以及墙面的黑色手绘，简约也可以有趣味。

2 背景色越接近白色，用黑色做主角色越能凸显黑色神秘、冷峻的特征。

3 用红色来搭配黑色，通过两者的对比能够为简约为主的氛围中增加一些激烈、火热的感觉。

4 黑色占据了主要的部分，重复性的配色方式使餐厅中的色彩搭配整体感更强。

1　▭▭▭▭▭　空间中并没有大面积使用黑色，仅在背景墙的中心部分出现，因为占据了中心墙面的中心部分，所以具有左右空间风格及氛围的作用，比起整墙使用，这样更舒适一些。

2　▭▭▭▭▭　配以米色以花纹形式使用的黑色，不再显得过于沉郁，搭配白色、灰色彰显都市感。

3　▭▭▭▭▭　空间中的暖色承托与木质材料而展现，比起大面积的纯黄褐色来说，与黑白灰结合更为自然。

4　▭▭▭▭▭　加入黑色的沙发，使墙面的黑色不再突兀，比起单独使用黑色墙面来说更具整体感。

1 如果厨房面积不大，使用黑色橱柜后，建议墙面和顶面采用浅色，看起来会更为整洁。

2 将黑色用作主角色，搭配灰色和白色塑造厨房，能够彰显出浓郁的简约风。

3 喜欢黑色，但大面积用纯色又觉得过于暗沉，可以选择如图中黑、白色搭配的花纹墙砖。

4 大面积使用黑色时，就需要加入白色来进行调节，能够明快一些，且简约而个性。

5 小卫生间使用黑色时，选择的材料就非常重要，这种条纹与渐变为一体的形式，能够拉伸墙面，不会显得拥挤。

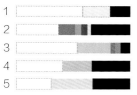

简约风格家居色彩设计实例解析——灰色

1  用深灰色做主角色与红色墙面撞击，比使用黑色要柔和许多，但仍然具有冲击力。

2 明度接近白色的灰色显得时尚而文雅，与白色搭配塑造简约风可以使空间具有轻松感。

3  以深浅不同的灰色做背景色和主角色，塑造具有简约感的整体氛围，为了避免过于冷硬，加入了不同纯度的绿色来调节气氛。

4 无色系为主的客厅配色降低了空间的温度，使人感觉机械、刻板，充分地演绎出了都市气息素雅、压抑的氛围。少量彩色的点缀，增添了一点生活气息。

1 以深灰色为主色，搭配一些低调的土黄色及米色，展现出时尚而又具有人情味的空间。

2 墙面使用灰色，地面为深灰色，厨具为银灰色，不同的灰色配以少量红色，非常时尚。

3 当灰色与暖色搭配时，仍保有其都市印象，但能够使人感觉到一些温馨的气息。

4 当灰色以灰镜的方式呈现在墙面上，就变得非常剔透，且更为时尚、现代。

1　灰色是无色系中最为丰富的一种色彩，当灰色加入一些黄色形成黄灰色时，搭配白色和黑色就会显得非常高雅。

2　仅在黑色范围内改变明度的灰色相搭配时，能够塑造出冷静、素雅的卧室氛围。

3　暖灰色和冷灰色搭配时，就能够在单独的灰色范围内，塑造出丰富的层次感。

4　以蓝灰色为主角色，搭配米灰色，塑造出具有力量感的空间氛围。在大面积白色的映衬下，显得干练而有力度。

1  深浅不同的灰色与白色搭配，塑造出时尚而又具有整洁感的厨房环境。

2 小厨房使用灰色，建议用在地面及部分墙面上，同时搭配白色橱柜，会显得更明亮一些。

3 具有厚重感的灰褐色搭配红色和绿色，配色十分大胆，塑造出极具个性感的简约空间。

4 用原木色的柜子搭配灰色的墙砖，能够为极具都市感的空间增加一点温馨。

5 卫浴间面积够大，且采光很好，墙面全部使用灰色也不会让人觉得压抑，这里的白色洁具也是起到缓和灰色抑制感的关键。

前卫风格
家居色彩设计

配色大胆、追求效果差

现代前卫风格张扬个性、凸显自我，色彩设计极其大胆，探求鲜明的效果反差，具有浓郁的艺术感。前卫风格更显著的特点是注意色彩对比，以及注重材料类别和质地。

前卫风格的色彩搭配形式可以总结为两类，一种以黑、白、灰为主色，三种色彩至少出现两种；另一种是具有对比效果的搭配方式。

若追求冷酷和个性，全部使用黑、白、灰的配色方式会更淋漓尽致，根据居室的面积，选择三种色彩种的一种做背景色，另外两种搭配使用；追求舒适及个性共存的氛围，可搭配一些大地色系或具有色彩偏向的灰色，如黄灰色、褐色、土黄色等，但面积不能过大。

喜欢华丽、另类的活泼感，可采用强烈的对比色，如红绿、蓝黄等配色，且让这些色彩出现在主要部位，如墙面、大型家具上；喜欢平和中带有刺激感的效果，可以以黑、白、灰做基色，以艳丽的纯色做点缀，同样可以塑造出前卫的效果；喜欢科技感和时尚感，还可在前面的两种配色中加入银色。

前卫风格家居常用色彩速查

无色系

白色为主	黑色为主	灰色为主

白色为主，搭配同类色或少量彩色，效果简洁，彰显宽敞感	黑色为主，搭配同类色或少量彩色，具有神秘感和沉稳感	灰色为主，搭配同类色或少量彩色，最具时尚感和雅致感

对比配色

双色相对比	多色相对比	色调对比

加入无色系调节，具有强烈的冲击力，配以玻璃、金属材料效果更佳	加入无色系调节，最活泼、开放的前卫配色方式，使用纯色张力最强	用色调差产生对比，比起前两种对比较缓和，具有冲击力但不激烈

前卫风格家居色彩设计实例解析

前卫风格家居色彩设计实例解析——无色系

1

纯净的黑、白、灰组合，配以蓝色的冷光和圆弧造型，非常前卫、个性。

2

接受不了特别个性化的前卫风格，可以在黑、白、灰为主的搭配中加入一些具有自然感的暖色，例如木质材料，而后选择一些造型、花纹较个性的软装，形成舒缓的前卫感。

3

追求极致的前卫感，除了色彩上使用黑、白、灰外，还可以从室内及软装的造型上来强化风格特点，本案的造型搭配常规，加入黄灰色可以起到一些缓和作用。

1 塑造前卫感的空间，只靠颜色只会具有一个大概的雏形，不会做到极致，除了色彩之外，还要依靠材质和造型，如本案中的金色与黑色结合的不规则造型墙面。

2 金色最先会让人想到犹如暴发户一般的奢华感，经过调和的金色却不会有这样的感觉，反而显得时尚而高贵，用香槟金色与灰色、白色搭配，加以白描的装饰画，使客厅前卫中带有一丝高贵。

1 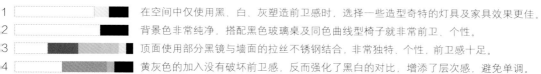 在空间中仅使用黑、白、灰塑造前卫感时，选择一些造型奇特的灯具及家具效果更佳。

2 背景色非常纯净，搭配黑色玻璃桌及同色曲线型椅子就非常前卫、个性。

3 顶面使用部分黑镜与墙面的拉丝不锈钢结合，非常独特、个性、前卫感十足。

4 黄灰色的加入没有破坏前卫感，反而强化了黑白的对比，增添了层次感，避免单调。

1 　　　　　　　　床、墙面与顶面连接为一个整体式的造型，搭配浅灰色、白色以及色彩浓烈的抽象画，简洁而又前卫。

2 　　　　　　　　具有立体结构特点的前卫并不是所有人都能接受，墙面用灰镜和银镜搭配，就能使空间具有前卫感。

3 　　　　　　　　前卫风格的用色非常大胆，但也遵循一定的原则，并不是毫无章法的胡乱拼凑。

4 　　　　　　　　床体与墙面，边几与床品采用了穿插式的重复手法，虽然色彩数量少，但并不影响层次感。

1  无机质的黑白色搭配个性的造型，使空间具有未来感和科技感，非常独特、个性。

2 小空间重点放在墙面上，将黑、灰、白不等分拼接，形成条纹，个性而又能延伸空间感。

3 相同的造型模糊了墙面接线，虽然大面积用深灰色与黑色，却并不显得拥挤。

4 黑、白两色的瓷砖以菱形拼接充满墙壁和地面，加以白色的洁具，具有魔幻感。

1 当一种材质贯穿顶面、墙面、地面时，本身就具有了极大的冲击力，再配以变换的紫灰色沙发和黄色靠垫，就形成了前卫与个性的氛围。

2 大胆地采用红、绿撞击，再搭配灰镜及黑、白、金配色的家具，奢华、夸张但不庸俗。

3 黑色地沙发及灰色的地毯都选择了黄色沟边的款式，与黄色沙发呼应，非常整体，明度的对比加以个性的款式，塑造出非常独特的效果。

4 黑色与蓝灰色搭配显得冷峻，但经过红色的冲击后，便有了开放感，不再显得闭锁。

1 黄色、白色、橙色、红色、紫色以不规则的条形相结合，搭配灰色水泥顶面形成了强烈的对比，独特而个性。

2 除了色相的对比，明度的对比能够塑造出前卫感，如地面上黑白色以小块面拼接的地毯。

3 虽然以时尚的黑、白、灰三色作为占据空间面积最大的色彩组合，但具有明显特征的粉红色将客厅转换为激烈的对比感，粉色与银色一体式的搭配方式增加了科技感。

1 金色的镜面和墙面上带有七彩变换的银色条纹是塑造前卫感的重要部分，配以黑色和粉红色的对比，氛围更强烈。

2 橙色的使用是点睛之笔，使无色系的配色有了跳跃感，比起单独的黑白灰搭配更独特。

3 淡雅的蓝色空间中，加入一幅纯黄色与黑色搭配的装饰画，即刻变得充满个性。

4 在红、白、黑的组合中，加入一些金色装饰，空间便变得个性、时尚起来。

1  地面配色以明度差视线对比，搭配大面积的黄色、白色和灰色，充满了趣味性。

2 蓝紫色的橱柜与仿古感的土黄色地砖形成低调的对比，独特的质感使装饰效果非常前卫。

3 孔雀蓝与黑色结合的壁纸，搭配简洁的白色灯具和干花，充满了异域风情。

4 身穿红裙的女舞者印在黑色烤漆玻璃上，与红色浴缸呼应，彰显时尚感和个性。

5 若为单独的红、白搭配会显得艳丽、热情，而加入了黑色，就变得独特、个性起来。

新古典风格
家居色彩设计

色彩设计高雅、和谐

新古典风格将怀古的浪漫与现代人对生活的需求相结合，兼容典雅与现代，是一种多元化的风格。一方面保留了古典主义材质、色彩的大致风格，仍然可以很强烈地感受传统的历史痕迹与浑厚的文化底蕴，同时又摒弃了古典主义复杂的肌理和装饰，简化了线条。

高雅而和谐是新古典风格色彩设计给人的感觉。白色、金色、米黄、暗红是新古典主义风格中常见的色调。

以白色主搭配的搭配：背景色多为白色，搭配同类色（黑、灰）软装时尚感最强；搭配金色或银色的饰品，能够体现出时尚而又华丽的氛围；搭配米黄及蓝或绿，是一种别有情调的色彩组合，具有清新自然的美感。

以暗红色为主的配色：黄色、暗红或大地色系搭配，少量地糅合白色或黑色，最接近欧式古典风格。可加入绿色植物、彩色装饰画或者金色、银色的小饰品来调节氛围。若空间不够宽阔，不建议大面积使用大地色系做墙面背景色，容易使人感觉沉闷。

新古典风格家居常用色彩速查

白色系

白色 + 金属色	白色 + 同类色	白色 + 黄及蓝（绿）

效果兼具华丽感和时尚感的一种搭配方式	白色为主搭配黑色、灰色或同时搭配两色，最具时尚感的搭配方式	融合了舒适感和清新感的一种搭配方式

暗红色系

暗红 + 米黄	暗红 + 无色系	暗红 + 大地色

从古典风格延续来的配色方式，是最为经典的欧式风格配色	融合古典韵味与时尚感的新古典配色方式	最具厚重感的新古典配色方式，不适合小空间

新古典风格家居色彩设计实例解析

1

用黑、白、灰搭配塑造新古典风格，一定要搭配具有风格造型特点的家具，否则容易变成现代简约风格。

2

在黑、白、灰搭配的主体环境中，加入一点银灰色，能够使新古典风格显得更为高雅、尊贵。

3

以无色系做主要配色的新古典风格，不宜过于激烈，因此墙面的装饰画虽然是彩色的，但是大部分都非常淡雅，只有中心部分纯度略高一些，这样的装饰在调节氛围的同时不会破坏整体感。

1 简化的欧式特点造型使用黑色与描金的形式出现，搭配白色、褐色、灰色和橘色，显得庄严而不呆板。

2 带有渐变的黑白根大理石用在墙面上，比纯黑色的材料要更显档次。

3 用略带暖感的灰色来搭配白色与黑色，能够降低冷峻感，为客厅增添少许温馨感。

4 以大面积的白色，搭配欧式古典风格中常出现的紫红色和褐色，兼容了古典与现代。

1 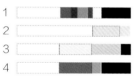 黑白色拼花的大理石地面搭配古典造型的黑色椅子，兼具时尚感和高贵感。

2 用柔和的米色和浅金色融入大面积的白色中，使餐厅空间显得文雅又高贵。

3 浅米色与白色明度接近，与黑色搭配不会像白色一样对比强烈，既显得柔和又具有力度感。

4 黑白菱形拼接的地面犹如世界象棋的棋盘，配以相同方式结合的餐桌椅，以及精简的欧式墙面造型，形成了具有趣味性的新古典氛围。

1 卧室的面积不是很大，墙面使用带有新古典特征印花的镜面能够使空间显得更宽敞、明亮一些，也为黑、白、灰为主的配色增添一丝华丽感。

2 暗红色具有古典感，加入到无色系配色中，能够活跃氛围强化新古典氛围。

3 香槟金色的软包墙面搭配浅紫色、白色和灰色，文雅而具有低调的奢华感。

4 足够宽敞的卧室中，用灰褐色及古铜金与白色搭配，具有华贵的效果。

1　黑镜用在墙面上，搭配白色与银灰色结合的橱柜，显得时尚而又高贵。

2　黑白灰为主色的新古典风格，厨房只要保持颜色一致，用现代造型的橱柜也不会突兀。

3　深灰色的马赛克墙面搭配浅金色的家具与白色洁具，效果高贵且具有低调的奢华感。

4　银灰色的金属壁纸搭配白色的家具，塑造出时尚而又典雅的卫浴空间。

5　带有黑花的白色大理石，是黑白色的天然结合，即使大面积使用，也会显得很舒适。

1 具有新古典特征的配色中，加入一些低纯度的蓝色做调节，能够为高贵、典雅的氛围中增添一些清新感，适合不喜欢黑白灰的冷峻及暖色厚重感的人。

2 暗沉的蓝色与浅黄灰色的纯度都不高，搭配起来对比不会过于激烈，符合整体风格定位。

3 本案的颜色搭配更简约一些，主要依靠墙面及家具的造型来营造新古典风味。

4 当米黄色与深蓝色相遇就具有了温柔的碰撞，可以避免暖色的空间产生烦闷感。

1  高纯度的蓝绿色搭配银灰色和白色结合的家具，再配以水晶吊灯，华美又不乏时尚感。

2 当家具和地面选择红褐色时，可以用草绿色装饰部分墙面来调节空间感，使之更舒适。

3 深蓝色与金色碰撞，能够使空间具有矛盾的华丽感，更独特、更个性一些。

4 蓝色的餐椅是欧式的经典造型，且带有欧式花纹，放在新古典餐厅中，不会显得突兀。

1 虽然卧室中使用了很多种色彩，但除了白色明度相差都很小，因此并不会显得过于活跃，而破坏古典感。

2 新古典风格若想要偏向于现代感一些，可加入镜面材质及蓝色搭配简约一些的造型。

3 蓝色花纹壁纸用于背景墙的中间部分，两侧采用对称式的配色设计也不显得死板。

4 暗蓝色用作窗帘及地毯，能够调节空间氛围，但不占据主要位置不会过于影响整体。

1 米黄色木质橱柜与白色和蓝色结合的墙面搭配，使空间显得温馨起来。

2 乳白色为主体的橱柜中加入一组浅蓝灰色，使厨房充满了高雅感，显得十分高档。

3 仿古处理的蓝灰色墙砖与米灰色及白色搭配，融合了温暖与清爽两种感觉。

4 用褐红色为蓝色墙面沟边，搭配欧式造型的家具，塑造出具有悠闲感的新古典卫浴。

5 以蓝紫色与米色结合，把握住了两者比例关系，使整个空间看起来别具一格，奢华大方得体，古典与现代风格并存，让人过目不忘。

新古典风格家居色彩设计实例解析——暗红色系

1 巧妙地以白色调和深红色调为大对比色彩，加以米黄色做中间色来谐调，营造高贵、雅致的空间。将欧洲新古典风格演绎成一种优雅的平衡姿态。

2 咖啡色系为主点缀少量金色与暗红的配色方式，体现了贵族般低雕奢华的品质。

3 大面积的米黄色及米色，搭配少量的红褐色，既具有贵族气质又不会显得沉闷、压抑。

4 本案融合了田园、新古典与中式三种风格元素，从色彩作为切入点，使效果更为整体。

1  以木质来表现红褐色搭配以温柔的米色，让人进入后便有种自然的归宿感和舒适感。

2 褐色与暗红色接近，但冲击力有所降低，与米黄色搭配能使空间的风格展现得更温和。

3 融合了黑＋白与米黄＋褐色两种特征的新古典餐厅，兼容了简约感和华美感。

4 选择米黄与红褐色结合的家具来展现配色特点，能够使效果更具整体感和更高的协调性。

1 表现具有庄重感和古典感的氛围，需要以暖色系为主，如图中深红褐色、红褐色、米灰色搭配少量深蓝绿色和黑色做调节，层次感丰厚且显得很温暖。

2 以米黄色、米色做大面积的主色，少量搭配红褐色能够塑造出具有简约感的新古典卧室。

3 用褐色或者红褐色来替代传统的暗红色，是新古典风格中很常见的做法。

4 以米黄色做主色，搭配具有对比感的绿色和红色，为稳定的氛围增添了一丝活跃感。

1 如果厨房面积小,简单地使用褐色木质橱柜搭配米色墙砖就能具有新古典风格的特点。
2 墙面用黄褐色的墙砖并不会过于沉闷,因其具有反光的光滑特性,能弱化重暖色的暗沉。
3 用茶镜与褐色和米黄色结合的家具搭配,能为新古典风格的卫浴增添一丝时尚感。
4 深浅不同的黄褐色与白色穿插,配以少量的银灰色和黑色,呈现出多元化的效果。
5 主体色彩部分采用深茶色与深棕色叠加的处理手法,采用不同的质感,塑造出厚重的、古典却不乏层次感的卫浴空间。

新中式风格
家居色彩设计

含蓄、秀美的全新色彩设计方式

新中式风格是将中式元素与现代材质的巧妙糅合,提炼明清时期家居设计理念的精华,将其中的经典元素提炼并加以丰富,呈现全新的传统家居气息,它不是中式元素的堆砌,而是将传统与现代元素融会贯通的结合。

新中式风格的家具多以深色为主,墙面色彩搭配有两种常见形式,一种以苏州园林和京城民宅的黑、白、灰色为基调;一种是在黑、白、灰基础上以皇家住宅的红、黄、蓝、绿等作为局部色彩。除了这些之外,古朴的棕色通常会作为搭配,出现在以上两种配色中,若用在地面上,能够增加亲切感和自然感。

在进行色彩设计时需要对空间的整体色彩进行全面的考虑,不要只是零碎的小部分的堆积而忘记了整体效果,如果只是简单的构思和摆放,其后期的效果将会大打折扣。中式风格设计的主旨是"原汁原味"的表现以及自然和谐的搭配方式。

新中式风格家居常用色彩速查

无色系

无色系同类配色	无色系 + 米黄	无色系 + 棕色系

兼具时尚感及古雅韵味的新中式配色方式	以无色系为主少量搭配米黄色,可为整体氛围增添温馨感	以棕色系点缀,可强化厚重感和古典感,增添亲切的氛围

无色系 + 皇家色

无色系 + 红、黄	无色系 + 蓝、绿	无色系 + 多彩色

最具中式古典韵味的新中式配色方式,具有皇家的高贵感	通常会加入棕色系,是具有清新感的新中式配色方式	加入多彩色的新中式配色方式可为古雅的韵味注入活泼感

新中式风格家居色彩实例解析

1

用米灰色与白色、黑色搭配，显得温暖而富有底蕴，比起纯灰色，偏向暖色的灰色更具古典感。

2

空间整体配色十分简约，白色、米黄色、灰色黄褐色及黑色穿插结合，简约的色彩设计塑造一种具有肃穆感的基础氛围，再配以中式典型造型，将现代与古典完美融合。

3

选择黑、白、灰为主色的新中式风格时，如果觉得过于冷清、肃穆，可以在配色中加入米黄色，用在墙面或地面，能够增添柔和感。

1 　将浅金色和银色加入到黑白灰的组合中，在素雅的整体氛围中增添了一点奢华感，不张扬，不简单却透射精深博大的气息。

2 　大面积的黑白灰搭配带有古典特征的家具造型，有时候会让人感觉过于严肃，可以用一些彩色的植物、花束进行调节。

3 　白色仅在顶面使用，墙面用明度接近白色的浅暖色，主角色用米色与黑色搭配，点缀少量灰色，可以使黑白灰类型的新中式家居显得轻松、惬意一些。

4 　厚重感的墙面与白、黑搭配的墙面形成了明度的对比，使整体空间的氛围更加灵动。

1　当整体配色方式倾向于简约的黑白灰时，家具和灯具选择中式造型能够强化古典氛围。

2　将新中式风格与东南亚风格从颜色搭配及家具造型上结合，使混搭风更具融合感。

3　用明度接近黑色的暖色木质与白色搭配，再加入米色，能够保留风格特点但更为温馨。

4　黑白灰为主色的餐厅中，加入一组黄色的木质桌椅，为文雅的古典韵味中增添了一些温暖感。

1 ▭▭▭ 卧室空间足够大且采光佳，用厚重的深褐色与白色与灰色结合的床品搭配，彰显古典的文雅与历史感的同时也不会让人觉得沉闷。

2 ▭▭▭ 作为主角的床无论是颜色搭配还是造型都没有明显的古典感，搭配上深褐色对称设计的床头墙后，古典韵味就变得浓郁起来。

3 ▭▭▭ 青灰色的墙面与青砖相似，再搭配黑白结合的床品，塑造出具有沧桑感的氛围。

4 ▭▭▭ 现代配色及造型的家具，搭配厚重暖色的背景以及对称式的造型，才能具有中式古雅韵味。

1 褐色和黑色为主的古典样式木质橱柜，与白色与银色搭配的前卫造型橱柜，形成了古典与现代的激烈碰撞。

2 灰色中调入一些青色形成的色彩不会让人感觉厚重，却带有历经沧桑的感觉，犹如古街中的石板路，用这样色彩的橱柜搭配白色与少量黑色，具有浓郁的中式神韵。

3 大理石带有美丽的花纹，用灰色及黑色的大理石与褐色木质，白色洁具搭配，使卫生间具有古雅感，提升了档次。

4 墙面用白底带有花纹的材料，比起纯白色的材料更适合带有古典韵味风格的卫浴间。

5 白色部分带有黑色花纹，褐色部分带有白色花纹，互相呼应，具有整体感。

新中式风格家居色彩设计实例解析——无色系 + 皇家色

1 　新中式与中式古典风格相比，配色不再过于严肃，神似而不完全形似更适合现代人的生活需求。在暖色的主体中，加入一些蓝色、蓝绿色，能够使氛围更舒适，层次更丰富。

2 　在暖色为主体的环境中，加入冷色点缀时，其明度与暖色靠近，更符合新中式表现出的韵味。

3 　黄色在中国古代时是只有皇帝能用的色彩，用在新中式风格中能够带来一种典雅、尊贵的感觉。

4 　在空间中增加一点红色和绿色的对比来冲淡素雅的中式氛围，使新中式风格更显灵动性。

1  在厚重的木质家具上搭配一些丝质低彩度靠垫，展现出新中式风格精致含蓄的一面。

2 暖色为主的餐厅空间容易使人感到平淡，加入一点明亮的蓝绿色和黄色便显得清雅起来。

3 本案的设计更偏向于古典风格一些，暖色为主且采用了厚重感的中式造型木质家具，这种情况下，主题墙上黄色的加入就非常重要，使人感觉有了生气，减轻沉重感，且显得更为尊贵。

4  设计师通过色彩的搭配与造型设计结合，将古典与现代和谐相融，展现低调的高雅。

1 绿色能够第一时间让人联想到大自然，在暖色为主的文雅空间中，点缀少量蓝绿色，可以为新中式风格的卧室增添一些蓬勃的生机。

2 色彩的分布呼应造型设计，采用对称式的布局，材料的选择则更为现代一些，体现出了中国传统风格文化与现代时尚元素的融合与碰撞。

3 黄色与红色为古韵空间带进了一丝热烈，具有古典特质的色彩搭配展现出了尊贵的气质。

4 黄色、赭石色、褐色糅合少量白色，这样的配色方式具有浓郁的中式古典特征，但暖色居多，所以家具的款式都非常简洁，避免产生沉闷感。

1 简洁造型的木质橱柜在青黑色墙面的映衬下，有了丝丝古典的文雅韵味。

2 带有些许造型的木质橱柜搭配带有做旧感的暖色墙面，塑造出带有温暖感的古韵空间。

3 如琢如磨的细腻工艺让整个房间设计质朴而清雅，黄色原木材料搭配仿古砖舒展惬意，取自天然的设计素材最得传统中式神韵。

4 不规则黄色花纹的石材与褐色木质及黑色烤漆玻璃组合，塑造出尊贵典雅的氛围。

5 金黄色的雕塑是整个空间的点睛之笔，有了它的装饰空间变得尊贵、华丽起来。

田园风格
家居色彩设计

源于自然的舒适配色方式

　　田园风格是以田地和园圃特有的自然特征为形式手段，给人亲切、悠闲、朴实的感觉，其设计核心就是回归自然。田园风格中的色彩均是大自然中最常见的色彩，如绿色、黄色、粉色以及大地色系，需要注意尽量避免大面积使用现代气息浓郁的色彩，如黑色、灰色等。

　　田园风格在色彩方面最主要的特征就是舒适感，配色多以暖色为主，墙面以浅色为主，不宜太鲜艳，米色、浅灰绿、浅黄色、嫩粉、天蓝、浅紫等能让室内透出自然放松气息的色彩均可；点缀的纯色可选择黄、绿、粉、蓝等。配色时要防止色彩过于靠近，而导致层次不清，可在明度上做对比，白色的器皿、透亮的绿色、蓝色玻璃是较为有效的选择。

　　可以将田园风格的主要配色分为两类：1. 绿色。比较经典的田园配色，做背景色或主角色，搭配黄色等暖色具有温暖、活泼感；搭配大地色具有亲切感；搭配白色或蓝色具有清爽感，搭配粉色、紫色具有梦幻感。2. 大地色系＋白、黄色系或蓝色系。大地色为主角色或地面背景色，搭配白、黄色系或者蓝色系，能够增加舒适感，避免沉闷。

田园风格家居常用色彩速查

绿色系

清爽感	温暖、活泼感	梦幻感

搭配白色或蓝色，能够为田园氛围增添一些清爽的感觉	搭配米色、黄色等暖色系，能够塑造带有温暖、活泼感的田园氛围	搭配粉色、紫色等女性色彩，能够塑造出带有梦幻感的田园氛围

大地色系

大地色系＋绿色系	大地色系＋白、黄色系	大地色系＋蓝色系

能够塑造出具有亲切感、浓郁自然韵味的田园氛围	以白色或浅黄色加入到大地色系为主的配色中，能够增加舒适感	田园风格配色中，少数具有清凉感的配色方式

田园风格家居色彩设计实例解析

绿色具有蓬勃的生机，是最具有自然感的色彩。用绿色墙面、沙发搭配原木屋顶和地面，再点缀少量白色，清新而又充满田园氛围。

米黄色温暖、舒适，配以绿色塑造出惬意、舒适的整体氛围。搭配花朵图案与白色结合的家具，使人犹如置身于花园中。

白色结合绿色做主色，充满清新感。加入部分黑色家具可增加重量感，且不会改变整体配色氛围。

1  大胆地使用明砖红色和绿色撞色，搭配花朵图案的沙发，色彩鲜明，层次丰富，气氛活跃。

2  采用白色与绿色组合具有明度差，塑造出具有明快感的悠然空间氛围，使人的心情变得愉悦、轻松。

3 涂刷成绿色的墙面与白色木质墙裙搭配，加以米色系家居与地面，营造出轻松、惬意的田园氛围。

4 淡绿色的沙发与蓝色的软装属于类色型配色，有层次感但很稳定，清爽而使人安心。

1 　加入了黄色的黄绿色比纯正的绿色更温暖、更明亮，与黑色和褐色木质组合，能够减轻沉闷感，增添悠闲的气氛。

2 　用明亮的黄绿色搭配浅棕色做具有绿植和泥土的感觉。搭配米白色为主的家具，强化了田园氛围的舒适感，使人感觉更为舒适。

3 　以深绿色和土红色组成的对决型配色为基调，加入了与绿色为类似型的米黄色，使客厅在悠然的自然气息中增添了一些活泼和开放感。

1　源自于自然界的色彩组合，即使包含了红、绿的对决型配色，也非常的舒适、惬意。

2　选择带有一点黄色的黄绿色布艺与黄色的墙面搭配，组成类似型的配色，既具有舒适、悠然的田园氛围，又具有稳定感，能够使人感到安心、轻松。

3　绿植、花朵都离不开土地，在绿色为主的配色中，加入米黄色、褐色等大地色，可以使空间更温馨、田园氛围更浓。

4　以绿色为主色，搭配温和、高雅的米灰色、焦糖色等，有一种生机勃勃的感觉。

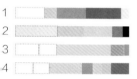

1　蓝绿色的橱柜搭配拼色仿古墙砖和地砖，烘托出浓郁的乡村气息。

2　淡淡的灰绿色比起高纯度的绿色更文雅一些，配以米色系，使人感觉非常舒适、轻松。

3　用粉色与绿色搭配，加入一些白色，可为休闲的田园居室增添一丝浪漫、纯真的感觉。

4　多种绿色组合搭配米黄色，塑造厨具有田园氛围的卫浴间。多种明度和纯度的绿色，能够在同一色彩印象下塑造丰富的层次感。

1  黄褐色的木质用做顶角线与茶几，使顶面和地面有所呼应，墙面用白色搭配米灰色，白色的沙发上点缀绿色和大地色结合的靠枕。看起来颜色很多，但都在固定的色相中做变化，不但不凌乱，反而有种普通田园气氛所没有的大气感。

2 大地色系为主的田园风格比绿色为主的要更为柔和、温暖一些，但需要注意面积不大的墙面和家具的用色要尽量明度高一些。

3 跃层式的户型客厅很高，顶面用木质也不会显得压抑，搭配大地色的家具具有原始感。

4 如果空间面积较小，可以用白色或米色做主色，大地色用在地面或者小件的家具上。

1 在乡村中常见的材料最能够彰显出田园氛围,如土黄色的砖墙和白色与木色搭配的桌椅。

2 用大地色塑造田园感,木料是最有效的手段,而且装饰效果十分自然、舒适。

3 空间中使用了不同明度的褐色系进行搭配,配以乳白色的墙面,温馨而不缺乏层次感。

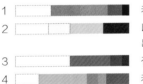

1 若以白色做搭配浅色的原木做背景色，就能够轻松地塑造出淡雅、柔和的田园氛围。

2 以深褐色搭配米色做主要搭配，但深褐色以小面积的形式重复性的出现，比起大面积的出现这样的方式不会显得过于沉闷，再点缀一些花朵图案的布艺，田园氛围浓郁。

3 在黄褐色与白色做主要搭配的空间中，加入一些深蓝色，能够增添清爽感。

4 若大面积地使用大地色系，包括墙面和地面，则可在家具或布艺中加入白色调节，这样不易感觉压抑。

1 仿古砖本身就具有丰富的变化，大地色系的砖更是具有原野的豪放感，配以白色木质橱柜，可以使整体空间显得明快一些。

2 地面用灰绿色与米灰色做菱形拼接塑造层次感，搭配褐色木质橱柜，具有田园气息。

3 白色的柜子与墙面的米黄色砖都带有明显的自然纹理，这也是田园风格的一个明显特征。

4 经过设计的大地色为主的拼色砖，让小卫浴也充满了层次感和田园悠然的感觉。

美式乡村风格家居色彩设计

色彩设计散发着泥土的芬芳

美式乡村风格摒弃了繁琐和奢华，以舒适机能为导向，强调"回归自然"，突出生活的舒适和自由。充分显现出自然质朴的特性，常运用天然木、石、藤、竹等材质质朴的纹理。

这种特质自然地呈现在墙面色彩上，自然、怀旧、散发着浓郁泥土芬芳的色彩是美式乡村风格的典型特征。以自然色调为主，绿色、土褐色最为常见。地面则多采用橡木色、棕褐色，有肌理的复合地板。使阳光和灯光射在地面上不反光。脚踏上去有实木感。

美式乡村风格家居的家居主要色彩可以分为以下两类：

（1）大地色。也就是泥土的颜色，代表性的色彩是棕色、褐色以及旧白色、米黄色。大地色可分为以下两种感觉：一种体现的是沉稳大气，具有历史感和深厚的文化积淀。一种体现的是清爽素雅的感觉，反映出一种质朴而实用的生活态度。

（2）比邻乡村色彩搭配。最初的设计灵感原于美国国旗的三原色，红、蓝、绿出现在墙面或家具上，其中红色系也被棕色或褐色代替。

美式乡村风格家居常用色彩速查

大地色系

棕色系	褐色系	米色系

棕色系为主，糅合白色、米黄等浅色调节，具有历史感和厚重感	效果类似棕色系，沉稳大气，但厚重感有所降低	与前两种相比更清爽、素雅，具有质朴感

比邻配色

红色系＋绿色系	红色系＋蓝色系	红色系＋绿色及蓝色系

绿色搭配类似色调的红色，兼具质朴感和活泼感	红色也可替代为棕色或褐色，具有浓郁的美式民族风情	常加入黄色或棕色来调节层次感，是最具活泼感的美式配色

美式乡村风格家居色彩设计实例解析

美式乡村风格家居色彩设计实例解析——大地色系

1

以浅褐色、绿色、褐色、白色等包含了类似型和对决型配色方式的多种色彩组成的客厅配色，具有典型的自然美感。既具有悠然、舒适的氛围又带有开放感。

2

茶色系中从米黄色到深褐色的不同色调的组合，渲染出了放松、柔和又不失厚重感的美式乡村氛围，绿色的加入强化了自然气息。

3

用厚重的皮质沙发搭配黄色文化石墙面，具有典型的美式乡村特征，虽然都是暖色，但明度不同不乏层次感。

1 顶角线用厚重的木质材料，并在家具或地面上部分与其呼应，是美式乡村风格的一个特征，这样的方式可以使空间具有厚重感，墙面搭配浅色就不会使人感觉压抑。

2 足够宽敞且高大的空间中，直接用红褐色的木质装饰主题墙更具冲击力，搭配米色布艺木质框架的家具，彰显美式风格的底蕴。

3 墙面用浅色，搭配一个或两个大地色系的沙发，这样的美式配色非常适合小空间。

4 以厚重的暖色为主的美式风格，适合较大的空间，如别墅等，小空间使用压抑且效果不佳。

1 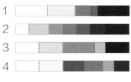 蓝绿色的摆件及挂灯为暖色为主的餐厅带来一丝清凉感，剔透的材质使冷色的加入丝毫不显突兀。

2 深红褐色的美式风情家具，使空间的重心下压，显得稳健，不会因地面的拼色砖而混乱。

3 用同一色相中不同明度的棕色进行搭配，塑造出平稳、安定的乡村感餐厅空间。

4 大地色系的组合有朴素、放松的自然气息，这些自然界中存在的色彩能够使人感到安定、祥和。同一色相不同色调的变化方式塑造出丰富而又统一的层次感。

1 墙面的格子壁纸擦用同种色系不同明度的渐变结合，稳定而又具有层次感，且休闲韵味浓郁，搭配厚重的美式家具，兼具悠闲感和怀旧感。

2 本案的色彩搭配自然、怀旧，散发着浓郁泥土芬芳，带有典型的美式乡村风格特征。

3 带有安稳的米色搭配少量红褐色，非常的自然且舒适，充分显现出乡村的朴实风味。

4 在厚重暖色为主的空间中，加入具有高级感的孔雀蓝，为美式风情注入了新的活力。

1 以红褐色木质橱柜搭配深红褐色的仿古砖，将美式乡村风格中的厚重感发挥得淋漓尽致。

2 保有木材原始的纹理和质感的红褐色橱柜，在米灰色的映衬下展现出美式风格的原始粗犷。

3 以带有做旧感的木质柜子搭配仿古砖，来强调美式乡村风格的舒适感和回归自然的特质。

4 当空间中以浅色调的暖色为主时，家具的色彩及材料就会特别重要，厚重、做旧家具的才符合美式风格特征。

5 浅米灰色的背景色，搭配黄褐色的木质及米黄色的大理石，舒适、随意。

美式乡村风格家居色彩设计实例解析——比邻配色

1  红、绿的对比，加以厚重、宽敞的布艺及皮质家具，塑造出了带有灵动感的美式乡村风情。

2  宽大、厚重的褐色皮质家具，做旧处理的绿色柜子搭配以花鸟图案的壁纸和装饰画，流淌出惬意、自由的氛围，具有浓郁的美式乡村特点。

3 抛弃了奢华与繁琐，用具有特点的比邻配色搭配厚重的家具，既简洁明快，又温暖舒适。

4 蓝红为主的色彩搭配中加入中性的绿色，具有浓郁的美式民族风情，也增添生机和舒适感。

1   降低了明度的红色与绿色分别与米黄色搭配，两种做法叠加使对比具有舒适感。

2   格子图案是美式乡村风格的代表元素之一，用红绿结合的格子配以家具的舒适造型，塑造出具有随意感的美式风情餐厅。

3   兼具古典的造型与现代的线条，对比配色的家具使餐厅具有装饰艺术感，充分显现出自然质朴的特性。

1 　用源自于美国国旗配色的蓝、红加白色的壁纸，搭配厚重的木质家具，营造出具有强烈
　　美国特色的卧室。

2 　卧室中的配色以分组的形式组合，但所有的色彩都有重叠的部分，所以不会让人感觉凌乱。

3 　通过黑色墙裙对墙面的上下分割，使人感觉安全，搭配红、蓝组合，视觉层次感丰富。

4 　蓝灰色具有高级感，搭配米灰色和浅金色，舒适而又具有高雅感。

1  这里使用的蓝色与作为主色的黄色明度接近,注入活力感的同时不会显得对比过于激烈。

2 做旧处理的黑色木质橱柜搭配墨绿色的仿古砖,使人感觉沧桑且具有文化底蕴。

3 条纹图案配色的壁纸,衬托得做旧木柜更具历史感,色彩及质感两种对比体现出美式风格随意感。

4 带有欧式风格的蓝色花纹壁纸,为美式卫浴空间增添了一丝尊贵感。

地中海风格
家居色彩设计

配色大胆、奔放

地中海风格的家居给人的感觉犹如浪漫的地中海域一样，充满着自由、浪漫、纯美的气息。色彩设计从地中海流域的特点中取色，金色的沙滩、蔚蓝的天空和大海、建筑风格的多样化，这些因素使得地中海风格的配色明亮、大胆，且色彩丰富。

地中海风格的色彩设计可以分为两大类：

（1）蓝色为主。一种是最典型的蓝＋白，这种配色源自于西班牙、延伸到地中海的东岸希腊，白色村庄、沙滩和碧海、蓝天连成一片，就连门框、楼梯扶手、窗户、椅面、椅脚也都会做蓝与白的配色，加上混着贝壳、细砂的墙面、小鹅卵石地面、拼贴马赛克、金银铁的金属器皿，将蓝与白不同程度的对比与组合发挥到极致；一种是蓝色与黄、蓝紫、绿色搭配，呈现明亮、漂亮的组合。

（2）浓厚的土黄、红褐色调。北非特有的沙漠、岩石、泥、沙等天然景观，呈现浓厚的土黄、红褐色调，搭配北非特有植物的深红、靛蓝，散发一种亲近土地的温暖感觉。

地中海风格家居常用色彩速查

蓝色系

蓝色系＋白色	蓝色／蓝紫色系＋黄色	蓝色／蓝紫色系＋绿色系

最为常见，经典的地中海风格配色，效果清新、舒爽	高纯度的黄色与蓝色或蓝紫色系搭配，具有活泼感和阳光感	通常会融入白色，具有清新、自然的效果，融合田园与地中海韵味

土黄、红褐色系

土黄色系＋红褐色系	土黄或红褐色＋白色或浅暖色	土黄或红褐系＋彩色

最典型的北非地域配色，使人感觉热烈，犹如阳光照射的沙漠	土黄多用于地面，红褐色系常依托于木质来表现，氛围舒适、轻松	彩色常见为蓝色、红色、绿色、黄色等，以配角色或点缀色出现

地中海风格家居色彩设计实例解析

地中海风格家居色彩设计实例解析——蓝色系 + 白色

1

蓝色与白色搭配在一起时，如蓝色的面积大，则会显得更为清新、爽朗，加入米色做主角色可增添温馨感。

2

在白色的映衬下，蓝色的墙面搭配米色的地面犹如大海与沙滩，源于自然界的配色使人感觉非常协调、舒适，点缀紫色的花朵及带有红色的游泳圈，增添了层次感。

3

以代表性的地中海蓝色和其类似型的绿色做主要部分的色彩搭配具有稳定感，使人感觉轻松，加入少量的白色和米色，清爽中透着温馨。

1 用不同纯度的蓝色与白色搭配，在稳定的范围内形成了多种层次，少量黄色的加入为空间增添了一些活力感。

2 以蓝白为主要配色的方式使空间不大的客厅显得非常明亮、清新，地面采用米黄色的仿古砖符合地中海的风格特征，同时还可以使增添温馨感，避免过于冷清。

3 为了增加空间的层次感，运用了相似与对比等不同的配色手法。客厅以白色背景作铺设，搭配蓝白结合的家具和少量红色、绿色的配饰，以冷暖对比，营造出纯净、恬淡的空间。

4 墙面以白色、蓝色为主要色调，显得纯净明媚，沙发和地面用米色使冷暖平衡，更舒适。

1 整个空间的配色均衡冷暖，以白色作为基础，其余的色彩固定在褐色和蓝色范围内做变化，这样做能够加强墙面、地面及家具的融合力，同时还具有稳定的层次变化。

2 顶面和墙面全部采用白色，搭配蓝色窗帘彰显宽敞、明亮的感觉，地面选择仿古砖来柔化白色的冷清感，使氛围更舒适，家具的搭配综合了三部分并进行穿插摆放，具有趣味性。

3 运用简单的主色调和软装饰的色彩搭配，呈现出清新又唯美的调子，设计者运用装饰布控的手法打造了一个带有典型地中海色彩的，梦幻唯美的空间。

1 采用蓝色和白色相结合的配色塑造清爽、明亮的地中海风情，从壁纸到家具和床品，全套的蓝白穿插设计，无一不给人以清新典雅的唯美感觉。

2 蓝白为主的配色搭配墙面上的地中海风景手绘，感觉爱琴海的海风迎面扑来。

3 将蓝白地中海配色与比邻美式乡村风格中条纹的通过色彩的搭配相结合，非常融洽。

4 蓝色与白色无处不在，让人感到自由自在，心胸开阔，似乎让窗外的天空也一样宁静、悠远。

1　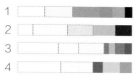　裸露自然纹理的浅蓝灰色木质橱柜,搭配同色系的仿古墙砖,清新,雅致又充满自然风情。

2　在蓝、白为主的配色中加入浅黄色和米色,犹如大海和阳光,让空间具有活力,更舒适。

3　以蓝色为主掺入多色的马赛克,犹如波光粼粼的海面,使人感到心胸开阔、明朗。

4　用米色做基调,加入靓丽的海蓝色点缀,塑造出具有清新感和休闲感的卫浴空间。

地中海风格家居色彩设计实例解析——蓝色/蓝紫系＋黄、绿色系

1　深蓝色、海蓝色、黄色、白色，大胆、奔放的配色，洋溢着明媚感，当然拱形和铁艺装饰也是不可缺少的。

2　以黄色作为背景色，搭配蓝白组合的家具，表现出明亮、自由的风格特点。

3　绿色和蓝色是类似型配色，用绿色做背景色衬托蓝、白家具组，融合了地中海的清爽和田园的惬意。

4　靓丽的纯黄色犹如最耀眼的阳光，衬托着蓝色的家具，将海沿岸的感觉本色地呈现出来。

1  淡雅的黄色及湖蓝色组合，形成一种别有情调的色彩组合，十分具有自然的美感。

2 低彩度、线条简单且修边浑圆的木质家具，搭配青石板地面和黄色墙面，塑造出充满自然感的舒适氛围。

3 褐色木质与米色布艺结合的家具，在大面积黄色背景的映衬下，塑造出悠闲、惬意的氛围。

1  曲折环绕的铁艺床配以干净的白色床品，在拱形墙面和彩色壁画的映衬下，显得宁静、优雅，木色的地板增添了亲切和舒适感。

2 高纯度的黄色带着阳光的味道，与手绘的田园壁画搭配相得益彰，犹如来到了果实累累的秋季田野，充满了喜悦，白色和蓝色搭配的软装注入了一丝清爽和洁净，增添了艺术感。

1　蓝绿色的柜子，木色与铁艺结合的椅子以及马赛克墙面，组合成一派乡村味道的餐厅。

2　做旧处理的木质橱柜与靓丽的黄色形成了对比，犹如在阳光照射下的古老村庄，矛盾而
　　又让人难忘。

3　做旧的蓝色仿古砖，米黄色的做旧仿古砖，绿色的手工打磨家具，地中海的经典细节装
　　饰元素融入其中，让整个空间显得灵动自然。

4　蓝与黄的碰撞经过白色的调节，渲染出略带活跃感的淳朴韵味，只要是源于自然的，即
　　使是对比配色，也会让人觉得舒适。

地中海风格家居色彩设计实例解析——土黄、红褐色系

1 地中海海域辽阔，不同地区的地中海风格特点也不同，北非地中海与希腊地中海相比，配色更加厚重，以土黄或红褐为主，给人一种充满阳光的温暖感。

2 厚重、宽敞的红褐色沙发配以同色仿古砖地面及拱形墙，充满北非地中海风情。

3 将土黄与红褐色分别用在地面和顶面，配以冷色系的沙发，冷暖均衡，非常具有舒适感。

4 土黄色用在一部分地面上，红褐色出现在顶面架梁、家具以及装饰画的边框上，这样的分散式重复配色手法，既能够塑造出主要风格，又不会使空间显得沉闷。

1 红褐色以不同的纯度呈现出来，搭配米色的墙面，塑造出一种大地般的浩瀚感觉。

2 地中海风格的必备元素就是拱形，乳白色的拱形墙搭配土黄色地面和褐色木质顶面及家具，展现出亲切的大地气息。

3 餐厅面积较小，以乳白色涂刷顶面及墙面搭配米灰色地面能够塑造出宽敞、明亮又不失温馨的感觉，红褐色以分散的方式分布能够降低厚重感，却仍能够烘托主体风格。

4 颜色之于地中海风格是很重要的元素，本案采用代表性的红褐色和土黄色穿插出现，再配以铁艺吊灯和具有风格特点的木质家具，就完美地呈现出了北非地中海风格的精髓。

1　　卧室空间不大因此墙面背景色用淡雅的米黄色，与白顶搭配塑造宽敞感和温馨的基调，加入带有典型地中海特征的红褐色拱形木质家具，既能够凸显风格又不会影响空间感。

2　本案的配色以红褐色为主，搭配丰富的配色，彰显出典型的北非地域性和民族特点。

3　本案结合了田园和地中海两种风格，以造型和色彩相搭配，塑造多元化的自然氛围。

4　设计师选择了棕色、米灰等大地色系的柔和色彩进行搭配，设计时注意色彩轻重的穿插，即使空间不大，也不会因为重色而显得拥挤，反而具有丰富的层次。

1　　厨房很小，橱柜用白色可以显得宽敞明亮，墙面在橱柜分化后面积不大，因此用墙砖与地砖的色彩来表现地中海特点，既可以凸显风格又不会对空间感产生大的影响。

2　　本案配色以土黄和红褐为主，色彩及造型组合均避免琐碎感，显得大方、自然。

3　　不修边幅的线条配以红褐色系的仿古地砖和木质家具，塑造充满北非风情的卫浴空间。

4　　在土黄和红褐的配色中加入绿色，可以强化整体的自然感，加入田园氛围。

5　　采用土黄色的马赛克和红褐色的仿古地砖拼贴，塑造出带有一些华丽感的地中海卫浴。

东南亚风格
家居色彩设计

色彩搭配斑斓高贵，具有热带雨林的自然之美

东南亚风格具有热带雨林的自然之美，广泛地运用木材和其他的天然原材料，如藤条、竹子、石材、青铜和黄铜等，大部分采用深木色的家具，墙面局部会搭配一些金色的壁纸，布艺多以丝绸质感的布料居多。东南亚地处热带气候闷热潮湿，在家居装饰上用夸张艳丽的色彩冲破视觉的沉闷，常见红、蓝、紫、橙等神秘、跳跃的源自于大自然的色彩。

色彩艳丽的布艺装饰是自然材料家具的最佳搭档，标志性的炫色系列多为深色系，在光线下会变色，沉稳中透着点贵气。深色的家具适宜搭配色彩鲜艳的装饰，例如大红、嫩黄、彩蓝；而浅色的家具则适合选择浅色或者对比色。

东南亚风格家居的配色可以总结为两类，一种是将各种家具包括饰品的颜色控制在棕色或咖啡色系范围内，再用白色或米黄色全面调和；一种是采用艳丽的颜色做背景色或主角色，例如红色、绿色、紫色等，再搭配艳丽色泽的布艺系列、黄铜、青铜类的饰品以及藤、木等材料的家具，前者温馨，小户型也适用、后者跳跃、华丽，较适合大户型，两者各有特色。

东南亚风格家居常用色彩速查

棕色系

棕色系＋浅色	棕色系＋暗色	棕色系＋类似色

棕色系搭配白色或接高明度浅色，如米色、米黄等，效果明快、舒缓	棕色系搭配低明度的彩色，如暗蓝绿、暗红等，效果具有沉稳感	棕色系搭配咖啡色、褐色等，统一而又具有层次，最具自然感的搭配

艳丽色彩

暖色	冷色	对比色

艳丽的暖色为主色，搭配冷色或棕色系，具有热烈、妩媚感	艳丽的冷色为主，搭配暖色或棕色系，带有一丝清爽的气息	大面积的艳丽色彩对比，具有浓烈的异域风情

东南亚风格家居色彩设计实例解析

1

精致、温暖。用简练的线条与棕色和白色相搭配，创造质朴却不失品位、含蓄但不单调的自然感氛围。

2

带有棕榈叶造型的做旧铁艺灯，敦实厚重的木质家具搭配蓝灰色及蓝色的布艺，塑造出略带沉稳感但仍具有明显民族特征的东南亚风格空间。

3

室内多用红棕色的原木、藤、红色的麻布等自然类材料，搭配丝质靠枕和纯朴的木质软装，展现出原汁、原味的热带雨林风情。

1 本案设计师用丝绸质感的布料摆放在深木色的家具上，而后点缀一些金色的饰品，最后用灯光的变化体现了稳重及豪华感，展示出了东南亚风格的丰富内涵。

2 带有黄色祥云图案的棕色壁纸及黄色云石，以藤、木为主要原料的居室增添了一丝华丽感。

3 与中式一样，东南亚风格也带有"禅意"，用棕色的木质材料搭配一些编制、镂空的造型以及木质或鎏金等佛家摆件，最能表达这种内涵。

4 在暖色为主的空间中，穿插着一些绿色及青色，使空间充满了勃勃生机，彰显雨林特色。

1 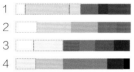 棕红色的木质墙面搭配藤编的桌椅，色相相近但具有变化，使木暗色的搭配也不显得单调。

2 银色水银镜与棕色自然类材质为主的家具产生了质感的对比，为空间增添了时尚感。

3 用木边与米白色拼接的餐椅与椰子壳拼接的墙面搭配，在淳朴的自然氛围中增添了文雅感。

4 带有沧桑感的木材，通过纹路、色彩、正反的错位与对比用于家具及墙面装饰上，搭配充分体现肌理和质感的壁纸，展示自然的本色。

1
2

3

4

设计师选用了红棕色木质家具，搭配带有金色丝制布料的床品，结合光线的变化，创造出内敛而又带有明显泰式韵味的氛围。

卧室以暖色为主，加入白色轻盈的床幔为空间带进了浪漫、轻盈的感觉，并不感觉沉闷。

轻盈的藤床、直线条的褐色家具搭配带有金色图案的咖啡色壁纸和白色床品，透着禅意、自然以及清新。

以温馨淡雅的米灰色及红褐色为主，局部点缀红与黄，自然温馨中不失热情华丽。

1 直线条的柚木橱柜配以米色及土黄色搭配的仿古砖，淳朴而又具有舒适感和平衡感。

2 淡雅的米色墙面营造温馨的氛围，搭配黄、橙色系的软装，营造出开朗的用餐环境。

3 带有伊斯兰建筑特点的棕色木质造型及做旧感的古铜镜，具有特点的装饰使风格特征更突出。

4 用石材搭配木材，塑造出具有层次感的暖色空间，传达出了既悠闲自在又带有奢华感的理念。

5 设计师充分地运用材质的质感与色彩，塑造出华丽但不显庸俗的华丽泰式卫浴空间。

东南亚风格家居色彩设计实例解析——艳丽色彩

1 土黄色、暗蓝色、蓝灰色、黑色、绿色等出现在一个空间中，却并不让人感觉凌乱，彰显出具有浓郁的泰式风情，渲染出妖媚中带着神秘，温柔与激情兼备的和谐境界。

2 设计师大胆地采用了红与绿的对比，经过调和的红色和绿色在灰褐色背景的衬托下，使空间充满了妖媚与妖冶，就像走进了热带雨林，充满了诱惑和未知的神秘。

1 塑造正统的东南亚风格，紫色是不可缺少的，它神秘、香艳，用薄纱、丝绸、布艺将其展示，且配以具有对比感的绿色、橘黄以及类似型的粉红色，塑造出让人沉醉的异域氛围。

2 将时尚的彩色镜片与自然类的木质结合，塑造出兼具原始感和华丽感的多样空间。

3 色泽多变的丝绸是东南亚的代表元素，用紫色泰丝搭配红色顶面和黑色家具，瑰丽气派。

4 用多彩的丝绸和黄色的纱帘来搭配红色背景，演绎出绚丽多姿的东南亚风情。

1  蓝绿色渐变的灶台搭配镂空木质橱柜和褐色花纹砖,塑造出充满斑斓感的异域风情厨房。

2 东南亚风格中的色彩都具有奇异的斑斓感,与纯色相比通常具有变化,如图中的灰蓝绿墙砖,这与热带雨林的特色有关。

3 一个卫浴间中涵盖了蓝色、紫色、红色、黑色、褐色等多种色彩,通过渐变式的色彩搭配及各种材质的融合,使空间充满了神秘、魅惑的异域风情。

第五章

居住者与色彩设计

根据居住者与性格
选择不同的色彩设计

性别的不同、年龄的不同决定了个性的不同，
不同的性格可以用不同的色彩搭配方式来表达，
在进行家居设计时，结合居住者的性别和年龄特征，
能够使色彩搭配更具有个性、更贴近户主的需求。
单身男士、单身女士、儿童、老人……
活泼的、温馨的、素雅的、都市感的、古典的……
了解不同人群的代表色是进行色彩设计的基础。

根据不同的居住者选择色彩

适合单身男士的色彩设计

男士代表色彩

男士的特点是阳刚、有力的，冷峻的冷色系或具有厚重感的低明度色彩具有男性特点。

冷峻感依靠冷色系或者黑、灰等无色系结合来体现；以明度和纯度低的色彩暗色调为配色主体可以体现厚重感。

蓝色和灰色是具有代表性的具有男士特征的色相，与白色搭配能够表现干练，降低纯度搭配的蓝灰色则有高级感。

适合单身男士的色彩速查

冷峻感

无色系	蓝色系	绿色系

黑、白、灰三色中至少两种做主色，搭配少量彩色点缀，冷峻、时尚	以蓝色系为主角或背景，搭配无色系或少量彩色，效果冷峻、坚毅	搭配无色系，绿色做主角色或背景色多用暗色系，亮色多做点缀

厚重感

大地色系	紫色系	灰色系＋暗暖色

包括棕色、褐色、土黄色等，做主角色或背景，搭配无色系或冷色系	表现男性特征的紫色，色调要暗沉一些，做背景或主角色搭配无色系或蓝色系	有色彩偏向的灰色（黄灰、灰绿、蓝灰等），搭配暗暖色，可表现男性特点

适合单身男士的色彩设计实例解析

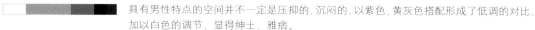

1　具有男性特点的空间并不一定是压抑的、沉闷的，以紫色、黄灰色搭配形成了低调的对比，加以白色的调节，显得绅士、雅痞。

2　在灰色、黑色的组合中加入柔和的米黄色系做点缀，具有高雅感和品质感。

3　以冷灰色为墙面背景色，搭配灰绿色，塑造出具有力量感的空间氛围。白色的加入，增加了干练和力度感。

4　以冷灰色为主色，搭配一些草绿色，展现出现代、时尚而又具有人情味的卧室空间。

1 进行色彩搭配时将材料的特点考虑进去更容易出效果，如图中灰色与银色结合的镜面。

2 蓝色刚毅、深远具有力度，用其作为主角色可以明确的展现出具有男性魅力的客厅氛围。

3 比起黑、白色，灰色是十分丰富的，如米灰色、蓝灰色、黄灰色等，在塑造男性特征的客厅时，用他们搭配会给人一种绅士感。

4 浅灰色搭配少温暖的米黄色和沉稳的黑色，是客厅具有时尚的都市生活气息。

5 表现男士特点的空间，若使用彩色，选择低明度的色彩进行组合更能展现个性。

适合单身女士的色彩设计

女士代表色彩

女性给人的印象是温暖、娇美的，代表色彩通常以粉色、红色等淡雅的暖色为配色的主要部分。以粉色搭配淡黄、黄绿等高明度的色彩，能够展现出甜美、浪漫的感觉，加入白色或者少量冷色，会产生梦幻感。若想体现优雅、高贵的女性色彩印象，可以采用比高明度的淡色略暗一些的暖色。进行配色时避免对比感，平稳的过渡才能有此种氛围。

适合单身女士的色彩速查

红色／粉红色系

红色／粉红色系＋无色系	红色／粉红色系＋高明度色彩	红色／粉红色系＋淡浊色

| 搭配无色系能够在女性的妩媚感中增添时尚感，强化配色的张力 | 搭配高明度的彩色能够展现甜美、浪漫的感觉，以白色调和更显梦幻 | 淡浊色如米灰色、浅黄灰色、浅灰绿色等，能够增加高雅感 |

紫色系

紫色系＋无色系	紫色系＋高明度色彩	紫色系＋淡浊色

| 紫色系搭配白色显得清爽、浪漫，不会让人觉得过于甜腻 | 搭配高明度的彩色能够展现甜美、浪漫的感觉，以白色调和更显梦幻 | 紫色本身具有高雅感，搭配淡浊色可以强化这种感觉 |

橙色／黄色系

橙色／黄色系＋无色系	橙色／黄色系＋高明度色彩	橙色／黄色系＋淡浊色

| 橙色／黄色系，特别是纯色搭配无色系具有明快、活力、阳光的感觉 | 搭配高明度彩色能够展现兼具活力感和浪漫气息的氛围 | 搭配淡浊色在温馨、高雅的氛围中注入活力感 |

适合单身女士的色彩设计实例解析

1 以具有女性特点的紫红色做主色，表现女性妩媚、娇美的一面。搭配白色和灰色，融入了整洁感和高雅感。

2 暗沉一些的紫色比起艳丽的紫色更为柔和一些，与白色搭配能够彰显高雅，适合白领族。

3 淡淡的蓝紫色比起淡粉红色、淡红色等其他具有女性特点的色彩，显得更为清爽。

4 橘红色搭配粉色，兼具了活泼感和温柔感，白色的加入使氛围显得更为明快、靓丽。

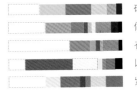

1　砖红色与粉色之间的明度和纯度差，以及白色的加入，整体配色虽然妩媚但张力十足。
2　做旧的粉色沙发与多彩色的装饰画搭配，塑造出犹如粉红摇滚表达出的个性感。
3　在粉色与白色的主体搭配中少量加入黑色，能够使配色的张力更足，避免过于甜腻。
4　以粉红色搭配白色，为主体的客厅充分彰显出女性的魅力，黑色、黄色等调节了氛围。
5　紫色和白色以穿插的形式搭配能以少量的色彩制造出层次感，很适合小空间的单身公寓。

男孩房的色彩设计

适合男孩房的色彩

男孩房的装饰避免采用过于温柔的色调，以代表男性特征的蓝色、灰色或者中性的绿色为配色中心。年纪小一些的男孩，适合清爽、淡雅的冷色，大一些的男孩可以多运用灰色搭配其他色彩。与成年男性不同的是，男孩性格还没有完全形成，带有天真的一面，因此，以主色搭配白色或者淡雅的暖色系，更适合表现其性格特点。

男孩房色彩速查

小男孩

清爽感	活泼感	温馨感

蓝色或绿色系为主色，搭配白色或淡雅的暖色，能够表现清爽感	表现男孩的活泼，主要依靠高纯度、以冷色为主的对比来表现	淡雅的暖色搭配白色，点缀以冷色或绿色，能够表现温馨的男孩房

大男孩

清爽感	活泼感	时尚感

蓝色或绿色系为主色，搭配白色或淡雅的暖色，能够表现清爽感	表现大男孩的活泼可以用纯度低的冷色与类似色调或高明度暖色对比	无色系搭配少量高纯度色彩，能够表现出大男孩的时尚感

男孩房的色彩设计实例解析

1

以米色系为主色，营造出温馨、舒适的整体环境，点缀蓝色增添清爽感，表现男孩的性格特点，少量深棕色加入增加重量感。

2

蓝色与深褐色搭配显得十分沉稳，同时也具有一些活力感，很适合年长一些的男孩。

1 　橘红色与深蓝色属于对比色，两者搭配具有非常强的活跃感，一分为二的拼接方式进一步强化了此种感觉，且彰显个性。

2 　白色与褐色做大面积的背景，重点部分用蓝色，使空间在温馨中的基调中透着清爽感。

3 　小男孩的房间不需要过于素净，若选择蓝色做主色，可配以少量的红色，使空间动起来。

4 　绿黄色结合的格子壁纸，配以白色的家具以及兰红搭配的床品，充满了乡村的悠闲感。

1 用中性的绿色与冷色的蓝色搭配，清爽而富有自然感，不会使人觉得过于冷淡，很适合用于活泼好动类型的男孩子房间中。

2 蓝、白、红搭配具有强烈的美式风情，为了表现出孩子的天性，又加入了黄色等活跃气氛。

3 男孩子的房间中，少量地使用黄色，能够显得更为明亮、活泼，但不会过于女孩子气。

4 苹果绿、海蓝中间夹着灰色，这样的配色方式具有活泼感，但又不会显得过于活跃。

女孩房的色彩设计

适合女孩房的色彩

女孩给人天真、浪漫、纯洁具有活力的感觉，在进行女孩房的配色时，需要体现出这些感觉。以明色调以及接近纯色调的色彩能够表现出纯洁、天真的感觉；色相的选择上，通常以黄色、粉色、红色、绿色和紫色等为主色来表现浪漫感，其中，粉色和红色是最具代表性的色彩，这些色彩搭配白色或少量冷色能够塑造出梦幻感。

女孩房色彩速查

小女孩

天真、梦幻氛围	活泼感	清新感

淡雅的粉、紫色结合白色，搭配类似色调或高纯度绿色或黄色来表现	以粉色或紫色搭配白色做基调，搭配高纯度的彩色来表现	以粉色或紫色搭配白色做基调，搭配淡雅或高纯度的冷色来表现

大女孩

浪漫、梦幻氛围	活泼感	时尚感

粉色、紫色、黄色等结合白色，点缀类似色调或高纯度的彩色来表现	以白色搭配具有女孩特点的色彩，搭配其对比色或对比色调能够表现出活泼感	在白色与具有女孩特点的色彩组合中，加入黑色或灰色能够增添时尚感

女孩房的色彩设计实例解析

1
柔和的粉色基调中，少量搭配一些灰色，能够弱化梦幻感，增添一些成熟感和雅致感，适合表达少女的年龄特点。

2
空间中基本涵盖了所有具有童话氛围的色彩，高明度的色彩组合方式塑造出了既有活力又充满梦幻感的女孩房。

1 红色极其的热烈，特别是大面积使用时非常活泼，搭配白色能够显得明快一些，降低火热的感觉，更舒适。

2 高纯度的粉色脱离了梦幻的范围，与白色搭配显得非常果断、靓丽，加以绿色、黑色的搭配，兼具了妩媚、纯真和时尚感，适合大女孩。

3 彩色条纹墙面属于全相型搭配，在白色背景下活跃感有所降低，显得更为纯真。

4 以粉红色与绿色结合的床品，搭配部分高纯度蓝色背景，显得卧室氛围明快而活泼。

1 以米灰色为卧室的配色主体，传达出一种柔和的主体氛围，在温馨的感觉中增加了高档的、具有品味的内涵，表现出女孩的独特审美。

2 墙面使用米灰色配以紫红色的窗帘及床品，使舒缓的整体氛围中带有了一丝活跃感。

3 墙面的粉红色比顶面的蓝色感觉明度低，色彩的重量更重一些，重心在墙面的方式具有强烈的动感和冲击力。

4 具有欧式倾向的风格中，女孩卧室若需要保持整体感，可以延续家居整体色彩搭配方式，局部加入粉色即可表现出居住者的特点。

老人房的色彩设计

适合老人房的色彩

老人通常历经沧桑，喜欢回忆以前的经历，喜欢具有安稳感氛围的空间，不喜欢过于艳丽、跳跃的主色。暗沉的、浓郁的或者淡浊色的暖色可以表现出温暖而又沉稳、具有经历和内涵的氛围。以暖色调为配色中心，搭配白色可以显得轻快一些，搭配少量冷色做点缀，可显得具有格调。在使用暗沉的暖色调时，可将重心放在墙面上，制造动感，避免过于沉闷。

老人房色彩速查

厚重的	温馨的	清爽的

暗沉的暖色系做背景色或者主角色，能够表现沧桑、厚重的氛围	淡雅的暖色搭配白色或淡浊色，能够表现出兼具明快和温馨的老人房	可用厚重的冷色做主角色，搭配淡雅的暖色或白色的背景色来表现

老人房的色彩设计实例解析

1 ⬜⬜⬜⬜⬜⬛⬛⬛

背景色、家具和床品均采用厚重的暖色，加入一些白色可使色彩的重量感平衡，避免过于沉闷、厚重而感觉压抑。

2 ⬜⬜⬜⬜⬜⬛⬛⬛

以淡雅的绿色为背景，搭配具有厚重感和安稳感的浓郁暖色做重量部分的处理，少量地点缀冷色，显得具有品质感。

1　主角色使用一些具有厚重感或者具有悠久感的暖色,能够明确地表达出老人的性格特点。

2　用冷灰色与厚重的暖色搭配,也能够表现出老年人的性格特点,但需要对冷色面积控制得当。

3　整体采用茶色与绿色两种类似型组合的色调,塑造出具有稳定感的朴素、悠然的空间氛围,使人的心情变得祥和、安定。

4　浓、暗色调的暖色组合,营造出具有悠久感的、具有内涵的色彩氛围。

根据居住者的性格选择色彩

活力感的色彩设计

明度、纯度高的色彩具有活力

以明度和纯度较高的色调为主色的配色方式具有活力感。在色相的组合上，以暖色为中心，搭配冷色，全相型配色方式最适合用来彰显具有开朗感的氛围。明亮的橙色、黄色和红色系，是表现活力氛围必不可少的色彩。除此之外，加入纯度和明度较高的绿色和蓝色作为配角色或点缀色，能够使色彩组合显得更加开放，增强开朗的感觉。

活力感的色彩速查

高纯度暖色＋白色	高纯度暖色＋类似色	高纯度暖色＋冷色

以高纯度的红色、橙色及黄色搭配白色，兼具明快及活力感	以高纯度暖色搭配淡雅或类似色调类似色，兼具热烈及活力感	全色相的配色方式，最开放、活泼，但并不刺激、热烈

活力感的色彩设计实例解析

1

以白色做主色，塑造了一个具有融合力的基础，之后搭配全相型的配色，营造出活跃感。

2

如果墙面高度足够，用带有色块的装饰画活跃氛围是不错的选择。

1 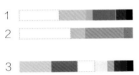 红色的装饰画及床品, 让以黑、白、灰为主的卧室一下子变得明媚起来, 不再冷酷。

2 除了红色、橙色及黄色, 纯度高的粉红色也能够展现出活力感, 但却不会过于刺激和热烈, 加入白色及温柔的卡其色, 更为舒适。

3 大面积浅黄色, 重点墙面搭配橙色, 再以白色穿插, 明快而具有活力。

4 橘红色为配色的中心, 搭配绿色、白色, 显著的明度差异表现出鲜明的活力, 给人充满朝气的感觉。

文雅感的色彩设计

淡雅、柔和的色彩具有文雅感

淡雅、柔和的色彩作为背景色或主色时，能够使空间具有文雅感。例如白色搭配米色或咖啡色，就能够塑造出雅致、柔和的感觉。此种配色方式，背景色的选择不宜过于活跃、激烈或者过于沉闷，主体采用类似型配色更能表现应有的氛围，点缀色可少量使用纯色，但是不宜过多，觉得单调可用淡冷色为配角色做调节。

文雅感的色彩速查

白色 + 淡雅暖色	类似型配色	对比型配色

白色搭配米色、浅咖啡色等具有柔和感的淡雅暖色	用温和的暖色做主角色，搭配色调或色相类似的色彩	温和的暖色做主角色，搭配色调与其类似的冷色，组成温和的对比

文雅感的色彩设计实例解析

1

淡淡的黄色做背景，搭配明度类似的乳白色沙发，再加以绿植做点缀，塑造出充满惬意、舒适感的客厅氛围。

2

白顶、白墙与红褐色的地面对比非常明快，但不够文雅，加入明度位于两者中间的米黄色沙发，使两色有了过渡，顿时温馨、文雅起来。

3

驼色做主角色能够给人安定、温馨的感觉，使人感到轻松、舒适。搭配土黄色的地毯，给人安稳感，用与顶面的明度差拉开了房间的视觉高度。

1 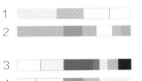用白色搭配米色及浅咖色，形成类似型配色，塑造出稳定的温暖感，让人觉得安心、舒适。

2 以米色系及紫色做搭配，因都添加了少量的灰色，且降低了明度，所有色彩都十分柔和，搭配起来具有和谐、温馨的视觉效果。

3 带有反光感的褐色搭配床头的米色背景及水墨画图案，塑造出文雅、具有品质感的氛围。

4 床品及地面的颜色都源自于墙面壁纸的花纹，这样的做法能够使空间更具整体感和稳定感。

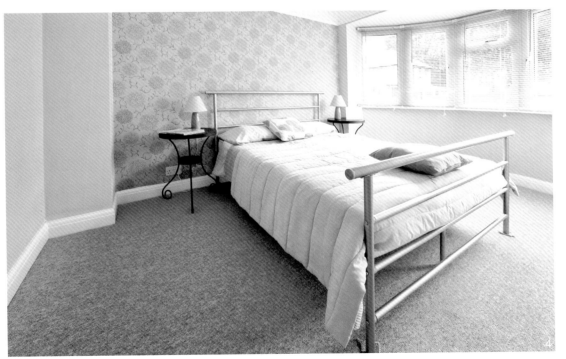

浪漫感的色彩设计

梦幻、朦胧的色彩具有浪漫感

想要塑造出浪漫的氛围，需要采用明亮的色调来制造梦幻、朦胧的感觉。同一种颜色，色调越纯粹、鲜艳，越具有活力，浪漫的感觉越少。紫红、红色、蓝色等，特别适合表现浪漫的色彩印象。在所有的色相中，粉红色是最具浪漫氛围的色彩，若搭配淡雅的黄色，更能强化朦胧感，再配以淡蓝色，能够给人充满希望的印象，塑造出仿佛通话世界般的感觉。

浪漫感的色彩速查

粉色／紫色系＋白色	粉色＋类似色	粉色／紫色系＋蓝或绿

以粉色／紫色系搭配白色做主色，色调越淡雅浪漫感越强	粉色或紫色做主角，互搭或搭配类似色，揉入白色，浪漫感最强	淡雅的蓝色或绿色最佳，具有浪漫、甜美兼具自然感的效果

浪漫感的色彩设计实例解析

1

花朵壁纸的墙面虽然色彩很多，但均源自于自然界，且十分淡雅，并不会让人感到混乱，反而非常愉悦，家具的色彩选择墙面色彩的同类色，能够避免混乱感，也让浪漫感更强。

2

单独使用明亮的绿色搭配白色能够使人感觉清新、舒畅，加入粉色做点缀色，就能够具有浪漫感。

1 顶面及墙面均采用藕荷色，并搭配了带有花纹的壁纸及窗帘，因此家具选择白色，可以显得明快一些。

2 以粉色为主，搭配白色塑造甜美、浪漫基调，紫色作点缀使用，进一步强化主体氛围。

3 在粉色为主的空间中，加入明亮的蓝色门窗边框和中调绿色的床头柜，能够塑造出童话般天真、醇美让人向往的氛围。

4 橘粉色与紫色搭配，在大面积白色的映衬下，彰显出兼容了高贵与浪漫的感觉。

清新感的色彩设计

干净、清爽的色彩具有清新感

越接近白色的淡色调色彩，越能体现出清新的视觉效果。以冷色色相为主，色彩对比度较低、整体配色以融合感为基础，是清新色彩印象的基本要求。

高明度或纯度的蓝、绿色是体现清新感的最佳选择，加入白色，凸显清爽，加入黄绿色，则能体现自然、平和的视觉感。

清新感的色彩速查

蓝／绿色系＋无色系	蓝／绿色系＋淡暖／冷色	蓝色系＋绿色系

蓝色或绿色做背景色或主角色，搭配无色系，兼具清新和时尚	蓝色或绿色做背景色或主角色，搭配接近白色的浅色调或浅浊色	蓝色系搭配绿色系，少量揉入白色，兼具清新感和自然感

清新感的色彩设计实例解析

1 ▭▭▩▩▨■

客厅中背景色的使用都非常温馨，加入一张蓝白结合的沙发及桌旗，便改编成了清爽的效果。因为背景色的引导，并不会因为有冷色而让人觉得过于冷感。

2 ▭▭▨▩▨■

墙面及家具大部分都是蓝色，与顶面的白色搭配容易显得过于冷清，于是加入了中性的绿色的地毯及饰品进行调节，仍然具有清新感，却更为舒适。

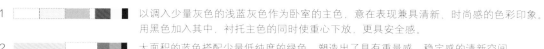

1 以调入少量灰色的浅蓝灰色作为卧室的主色，意在表现兼具清新、时尚感的色彩印象。用黑色加入其中，衬托主色的同时使重心下放，更具安全感。

2 大面积的蓝色搭配少量低纯度的绿色，塑造出了具有重量感、稳定感的清新空间。

3 加入少许灰色的两种淡冷色搭配能够塑造兼具高级感和清爽感的氛围，如浅灰蓝、浅紫灰。

4 以浅黄绿为主，搭配高雅的蓝灰色、浅灰色，淡雅的色调组合起来，营造出清新的氛围。

传统感的色彩设计

温暖、厚重的色彩具有传统感

温暖而厚重的暖色给人传统与安稳的感觉，具有传统和怀旧的氛围。具有代表性的古典色彩包括明度和纯度较低的茶色系、褐色系以及红色系，用其中的两种或三种进行搭配，便可以塑造出具有古典韵味的客厅。以厚重的暖色为主色，加入暗冷色可以增添可靠感；加入紫色系显得更有格调。

传统感的色彩速查

厚重的暖色 + 无色系	厚重的暖色 + 暗冷色系	厚重的暖色 + 类似色

厚重的暖色搭配白色、浅灰色或少量黑色，具有传统感	加入暗冷色可为传统的氛围增加可靠感，若搭配紫色最具格调	传统韵味最浓郁的配色方式，具有沉稳感及温暖的氛围

传统感的色彩设计实例解析

1

厚重的褐色搭配米灰色及米黄色，依靠色彩的搭配即使现代风格的空间也能具有传统感。

2

采用了棕红色、驼色、深咖色、深棕色等深暗的暖色系色彩组合，是具有代表性的表现传统、凝重、古典感的主要色彩，少量加入暗蓝色可调节层次，避免沉闷感。

1　全部使用暖色塑造的古典韵味会让人感觉沉闷，适当地加入经过降低明度和纯度处理的绿色，不会破坏传统韵味的同时还能增加坚实感。

2　空间很宽敞且采光佳，用厚重的红褐色及黄褐色搭配为主，塑造出传统感的同时也不会有沉闷感，配以部分淡雅的米灰色，更添柔和感。

1   若卧室的面积较小，可以使用淡雅一些的暖灰色做主色，也能塑造出具有传统感的效果。

2   卧室两面采光，且大面积为白色，因此即使顶面边角及墙面使用红褐色也不会感觉特别厚重、压抑。

3   背景色和家具均采用厚重的暖色，主角色可以选择白色或者米色，使色彩的重量感平衡，避免过于沉闷、厚重而感觉压抑。

4   暗沉一些的紫色搭配搭配厚重的褐色等暖色，能够塑造出具有贵族气质的传统感空间。